农民素养与现代生活知识读本

◎ 吴晓林　陈胜利　主编

中国农业科学技术出版社

图书在版编目（CIP）数据

农民素养与现代生活知识读本／吴晓林，陈胜利主编．—北京：中国农业科学技术出版社，2017.6

新型职业农民培育工程通用教材

ISBN 978 – 7 – 5116 – 3062 – 9

Ⅰ．①农… Ⅱ．①吴…②陈… Ⅲ．①农民 – 素质教育 – 中国 – 技术培训 – 教材 Ⅳ．①D422.6

中国版本图书馆 CIP 数据核字（2017）第 096219 号

责任编辑　徐　毅　张志花
责任校对　李向荣

出 版 者　中国农业科学技术出版社
　　　　　　北京市中关村南大街 12 号　邮编：100081
电　　话　（010）82106631（编辑室）　（010）82109702（发行部）
　　　　　　（010）82109709（读者服务部）
传　　真　（010）82106631
网　　址　http://www.castp.cn
经 销 者　各地新华书店
印 刷 者　北京富泰印刷有限责任公司
开　　本　850mm ×1168mm　1/32
印　　张　8.375
字　　数　220 千字
版　　次　2017 年 6 月第 1 版　2017 年 6 月第 1 次印刷
定　　价　32.00 元

《农民素养与现代生活知识读本》
编　委　会

主　编：吴晓林　陈胜利

副主编：卢乃涛　刘　宁　余　蕾

　　　　张慧娟　刘红俊

前　　言

2012—2017 年连续 6 年的中央一号文件都提出了有关培育新型职业农民的意见，习近平总书记也在不同场合多次强调培育新型农业经营主体的重要性。加强新型职业农民培训工作成为当前乃至今后一段时期的一项重要工作。新型职业农民具有优良的职业道德，较强的市场意识，有文化、有技术、懂经营、会管理。这就要求新型职业农民培训工作是全面的、系统的，而不是侧重技术和技能的短期培训。

本书立足服务培训工作，以服务现代农业发展为导向，以提升新型职业农民综合素质和培养现代农业生产经营理念为目标，期望引领新型职业农民建设新农村、过上新生活。全书共 7 个模块，内容包括新型农业经营主体　引领现代农业发展；强化意识和精神　培育新型职业农民；提升农民素养　树立现代生产理念；弘扬乡风文明　彰显乡村之魂；建设美丽乡村　共创美好家园；整治村容村貌　美化人居环境；丰富乡村文化　创造幸福生活。内容丰富、结构清晰、语言通俗、形式新颖，具有较强的实用性和可读性。

本书既可作为广大新型职业农民的培训教材，也可供农村基层管理人员学习参考。由于编者水平有限，书中难免存在不足之处，敬请读者批评指正，以便及时修订。

目　　录

模块一 新型农业经营主体引领现代农业发展

2017年1月29日，农业部出台"十三五"全国新型职业农民培育发展规划提出发展目标：到2020年全国新型职业农民总量超过2 000万人。新型职业农民不同于传统农民。他们是新型农业经营主体，是新农村建设的中坚力量。他们具备新型职业农民意识和精神。

第一节 新型农业经营主体：产生背景

一、新型农业经营主体产生背景

（一）农户家庭经营的现状

党的十一届三中全会启动农村改革以来，我国逐步在广大农村建立了以家庭承包经营为基础、统分结合的双层经营体制，小规模家庭经营成为农业生产经营的最主要方式。这一体制的建立获得了巨大成功，极大地调动了农民发展生产的积极性，不但解决了农民的温饱问题，而且还使农民走上了小康富裕之路。但是，家庭经营的弊端也逐渐显现出来。实行家庭承包经营制度，农户经营规模非常小，全国2.45亿农户，户均土地经营规模大约7亩（1亩≈667米²，全书同）耕地。有学者概括我国的农业经营单位是原子农业。东亚是小农户经营，日本经营规模是2公顷（合30亩地），仍然比我们大。小农户经营带来许多问题，农户各自为政，单打独斗，生产成本增加，市场信息不对称，有些事情一家一户来做根本解决不了或是解决了也不划算，在我国市场经济日益成熟和全球经济一体化的今天，农户处于明显弱势地位。

随着工业化、城镇化的快速发展以及现代农业建设的快速推进，农业生产经营面临着一些新情况新问题：一是大量农村劳动力转移到城镇和工业部门，农业副业化、农村空心化、农民老龄化的问题日益凸显，外出农民工特别是新生代农民工不愿回乡务农，农业后继乏人问题已经现实地摆在了我们的面前。"谁来种"的问题越来越紧迫；二是小生产与大市场不能有效对接，农产品价格剧烈波动、畸高畸低，谷贱伤农、菜贵伤民的现象愈发频繁，"种什么"的问题亟须回答；三是农民种田多是从经验出发，土地产出率、劳动生产率不高，迫切需要科学知识的指导以及专业化、系列化的生产性服务，"怎么种"的问题也非常迫切。

解决这些问题，客观上要求创新农业经营体制机制，加快培育多元化新型农业经营主体，大力发展农业社会化服务，提高农业组织化程度，加快构建新型农业经营体系。

（二）中央有关发展新型农业经营主体的政策

党的十七届三中全会提出，有条件的地方可以发展专业大户、家庭农场、农民合作社等规模经营主体，这是中央首次在文件中将这几类组织纳入农业经营主体之中。

党的十八大提出建立新型农业经营体系。"新型农业经营体系"这一概念在中央文件中是第一次被提及。所谓"新型"，是相对于传统小规模分散经营而言的，是对传统农业经营方式的创新和发展。"农业经营"的含义较广，既涵盖农产品生产、加工和销售各环节，又包括各类生产性服务，是产前、产中、产后各类活动的总称。"体系"泛指有关事物按照一定的秩序和内部联系组合而成的整体，这里既包括各类农业经营主体，又包括各主体之间的联结机制，是各类主体及其关系的总和。

2013年中央一号文件《中共中央国务院关于加快发展现代农业进一步增强农村发展活力的若干意见》中，对专业大户、家庭农场、农民专业合作社和农业龙头企业这4种经营主体，都明确了具体的扶持政策。

（1）按照规模化、专业化、标准化发展要求，引导农户采用先进适用技术和现代生产要素，加快转变农业生产经营方式。创造良好的政策和法律环境，采取奖励补助等多种办法，扶持联户经营、专业大户、家庭农场。大力培育新型农民和农村实用人才，着力加强农业职业教育和职业培训。充分利用各类培训资源，加大专业大户、家庭农场经营者培训力度，提高他们的生产技能和经营管理水平。制订专门计划，对符合条件的中高等学校毕业生、退役军人、返乡农民工务农创业给予补助和贷款支持。

（2）大力支持发展多种形式的新型农民合作组织。农民合作社是带动农户进入市场的基本主体，是发展农村集体经济的新型实体，是创新农村社会管理的有效载体。按照积极发展、逐步规范、强化扶持、提升素质的要求，加大力度、加快步伐发展农民合作社，切实提高引领带动能力和市场竞争能力。鼓励农民兴办专业合作和股份合作等多元化、多类型合作社。实行部门联合评定示范社机制，分级建立示范社名录，把示范社作为政策扶持重点。安排部分财政投资项目直接投向符合条件的合作社，引导国家补助项目形成的资产移交合作社管护，指导合作社建立健全项目资产管护机制。增加农民合作社发展资金，支持合作社改善生产经营条件、增强发展能力。逐步扩大农村土地整理、农业综合开发、农田水利建设、农技推广等涉农项目由合作社承担的规模。对示范社建设鲜活农产品仓储物流设施、兴办农产品加工业给予补助。在信用评定基础上对示范社开展联合授信，有条件的地方予以贷款贴息，规范合作社开展信用合作。完善合作社税收优惠政策，把合作社纳入国民经济统计并作为单独纳税主体列入税务登记，做好合作社发票领用等工作。创新适合合作社生产经营特点的保险产品和服务。建立合作社带头人人才库和培训基地，广泛开展合作社带头人、经营管理人员和辅导员培训，引导高校毕业生到合作社工作。落实设施农用地政策，合作社生产设施用地和附属设施用地按农用地管理。引导农民合作社以产品和产业为纽带开展合作与联合，积极探索合作社联社登记管理办法。抓紧研究修订农民专业合作社法。

（3）培育壮大龙头企业。支持龙头企业通过兼并、重组、收购、控股等方式组建大型企业集团。创建农业产业化示范基地，促进龙头企业集群发展。推动龙头企业与农户建立紧密型利益联结机制，采取保底收购、股份分红、利润返还等方式，让农户更多分享加工销售收益。鼓励和引导城市工商资本到农村发展适合企业化经营的种养业。增加扶持农业产业化资金，支持龙头企业建设原料基地、节能减排、培育品牌。逐步扩大农产品加工增值税进项税额核定扣除试点行业范围。适当扩大农产品产地初加工补助项目试点范围。

2014年中央1号文件《中共中央国务院关于全面深化农村改革加快推进农业现代化的若干意见》中，进一步阐述了"扶持发展新型农业经营主体"内容，即鼓励发展专业合作、股份合作等多种形式的农民合作社，引导规范运行，着力加强能力建设。允许财政项目资金直接投向符合条件的合作社，允许财政补助形成的资产转交合作社持有和管护，有关部门要建立规范透明的管理制度。推进财政支持农民合作社创新试点，引导发展农民专业合作社联合社。按照自愿原则开展家庭农场登记。鼓励发展混合所有制农业产业化龙头企业，推动集群发展，密切与农户、农民合作社的利益联结关系。在国家年度建设用地指标中单列一定比例专门用于新型农业经营主体建设配套辅助设施。鼓励地方政府和民间出资设立融资性担保公司，为新型农业经营主体提供贷款担保服务。加大对新型职业农民和新型农业经营主体领办人的教育培训力度。落实和完善相关税收优惠政策，支持农民合作社发展农产品加工流通。

二、什么是新型农业经营主体

（一）新型农业经营主体的定义

新型农业经营主体是建立于家庭承包经营基础之上，适应市场经济和农业生产力发展要求，从事专业化、集约化生产经营，组织化、社会化程度较高的现代农业生产经营组织形式。从目前的发展来看，新型农业经营主体主要包括专业大户、家庭农场、农民合作社、产业化龙头企业等类型，是新型农业经营主体的组织形态。其主要实施者就是家庭农场主、农民合作社理事长、产业化龙头企业法人代表等"领办人"，属于新型职业农民范围，是新型农业经营主体的个体形态。随着我国农业农村经济的不断发展，以农业专业大户、家庭农场、农民合作社和农业企业为代表的新型农业经营主体日益显示出发展生机与潜力，已成为我国现代农业发展的核心主体。

（二）新型农业经营主体的特征

1. 以市场化为导向

自给自足是传统农户的主要特征，商品率较低。在工业化、城镇化的大背景下，根据市场需求发展商品化生产是新型农业经营主体发育的内生动力。无论是专业大户、家庭农场，还是农民合作社、龙头企业，都围绕提供农业产品和服务组织开展生产经营活动。

2. 以专业化为手段

传统农户生产"小而全"，兼业化倾向明显。随着农村生产力水平提高和分工分业发展，无论是种养、农机等专业大户，还是各种类型的农民合作社，都集中于农业生产经营的某一个领域、品种或环节，开展专业化的生产经营活动。

3. 以规模化为基础

受过去低水平生产力的制约，传统农户扩大生产规模的能力较弱。随着农业生产技术装备水平的提高和基础设施条件改善，特别是大量农村劳动力转移后释放出土地资源，新型农业经营主体为谋求较高收益，着力扩大经营规模、提高规模效益。

4. 以集约化为标志

传统农户缺乏资金、技术，主要依赖增加劳动投入提高土地产出率。新型农业经营主体发挥资金、技术、装备、人才等优势，有效集成利用各类生产要素，增加生产经营投入，大幅度提高了土地产出率、劳动生产率和资源利用率。

（三）新型农业经营主体和传统农户的关系

一是大量的传统农户会长期存在。家庭承包经营是我国农村基本经营制度的基础，传统农户是农业基本经营单位。因此，不能因为强调发展新型农业经营主体，就试图以新型农业经营主体完全取代传统农户，这是一个误区。此外，这些小规模农户存在先天不足，抗御自然风险和市场风险的能力较弱，而且在我国农业市场化程度日益加深、农业兼业化和农民老龄化趋势不断加快的过程中，传统农户的弱势和不足表现得更加明显。在支持新型农业经营主体的同时，也要大力扶持传统农户，这不仅是发展农村经济、全面建成小康社会的需要，而且是稳定农村大局、加快构建和谐社会的需要。

二是新型主体和传统农户相辅相成。新型经营主体与传统农户不同，前者主要是商品化生产，后者主要是自给性生产。两者尽管有一定的竞争关系，但更有相互促进的关系。新型主体发展，尤其是龙头企业、合作社，可以对传统农户提供生产各环节的服务，推动传统农户生产方式的转变。与此同时，传统农户也可以为合作社、龙头企业提供原料，成为其第一车间。在发展中，特别是在扶持政策上，对传统农户和新型经营主体并重，不可偏废。

第二节　新型农业经营主体：内涵、功能

一、专业大户

1. 专业大户的定义

专业大户包括种养大户、农机大户等，这里主要指种养大户。通常指那些种植或养殖生产规模明显大于当地传统农户的专业化农户，是指以农业某一产业的专业化生产为主，初步实现规模经营的农户（图1-1至图1-3）。目前，国家还没有专业大户的评定标准，各地各行业的专业大户的评定标准差别较大。在现有的专业大户中，有相当部分仅仅是经营规模的扩大，集约化经营水平并不高。

图1-1　山羊养殖大户

图 1 - 2   大葱种植大户

图 1 - 3   农机大户收割

2. 主要功能

专业大户是规模化经营主体的一种形式，承担着农产品生产尤其是商品生产的功能，以及发挥规模农户的示范效应，应注重引导其向采用先进科技和生产手段的方向转变，增加技术、资本等生产要素投入，着力提高集约化水平。

【案例】

卢氏县横涧乡：香菇种植大户的转型梦

2月23日，卢氏县横涧乡食用菌生产大户海江一边介绍经验，一边搬起枝桠材送进粉碎机内，出料口立刻喷出白花花的锯末。他说："今年立春早，要早早备好春栽袋料香菇的原料，保证在气温低、空气干燥和杂菌活动弱的二三月能够制袋和接种。"

不远处的麦场里，粉碎机机声隆隆，有的菇农正在粉碎锯末。远处的田地里，有的菇农正在整地起垄，准备发展羊肚菌种植。农历正月初五刚过，菇农们就开始忙活了。

海江的心情和初春的天空一样明朗，他是该乡马庄河村的香菇协会会长，已有15年的食用菌生产经验。说起栽培代料香菇，他滔滔不绝："我们家这些年依靠栽培袋料香菇致了富，盖了三层楼房，买了摩托车和三轮车，还买了电脑和最时兴的家用电器，这的确是咱农民致富的好项目。"据介绍，在卢氏县委、县政府的政策引导和资金扶持下，该县农民栽培袋料香菇的积极性越来越高，随着先进适用栽培技术的推广应用，香菇产量和质量得到了明显提高。2015年，该县发展袋料香菇9 198万袋，实现综合产值6.86亿元以上，完成出口创汇3 115万美元，菇农人均收入5 000余元。由于特殊的地理环境和气候条件，该县生产的香菇朵大、肉厚、质嫩、味美且营养丰富，获得河南省无公害产品产地认证。除了供应国内市场外，还远销马来西亚、新加坡、越南、泰国。为了搞好集约化生产，该县新引进了羊肚菌、蛹虫草等食用菌新品种6个，示范推广了反光网、废旧袋料循环利用新技术，新建标准化示范基地6个，给广大菇农转变传统栽培模式做出了示范。

"你看看我们村家家户户都和我一样。"海江指着远处平房和小楼交错的村庄说："我们村靠发展袋料香菇，大多数村民住上了小楼房和平房。去年我发展了1万袋，总共收入10多万元，今年还要再发展1万袋。随着国家全面实施天然林禁伐，发展传统的食用菌袋料香菇面临着原料匮乏的现状，我已经参加了县农牧局组织的食用菌新品种推广培训班，今年计划在耕地里试种3亩羊肚菌。咱老百姓也要跟上形势，积极转型发展新品种食用菌，今后直接将食用菌菌种种到土地上。"说到这里，海江的脸上露出了欣喜的笑容。

（来源：《三门峡日报》）

二、家庭农场

近年来，我国家庭农场发展开始起步，正成为一种新型的农业经营方式。据农业部调查统计，截至2012年年底，全国有符合统计条件的家庭农场87.7万个，经营耕地面积达到1.76亿亩，占全国承包耕地总面积的13.4%；平均每个家庭农场经营耕地面积达到200.2亩，2012年每个家庭农场经营收入达到18.47万元。总结各地实践，准确把握我国家庭农场的基本特征，既要借鉴国外家庭农场的一般特性，又要切合我国基本国情和农情。

1. 家庭农场的定义

家庭农场是指以农民家庭成员为主要劳动力，利用家庭承包土地或流转土地，从事规模化、集约化、商品化农业生产，以农业经营收入为家庭主要收入来源的新型农业经营主体，是农户家庭承包经营的"升级版"。家庭农场经营范围除从事种植业、养殖业、种养结合，可兼营与其经营产品相关的研发、加工、销售或服务。

家庭农场的生产作业、要素投入、产品销售、成本核算、收益分配等环节，都以家庭为基本单位；家庭农场的专业化生产程度和农产品商品率较高，主要从事种植业、养殖业生产（图1-4），实行一业为主或种养结合的农业生产模式；家庭农场的种植或养殖经营必须达到一定规模，以适度规模经营为基础，这是区别于传统小农户的重要标志。

图1-4　家庭养殖业

2. 家庭农场的功能

家庭农场的主要作用与专业大户基本一样，也是规模化经营主体的一种形式，承担着农产品生产尤其是商品生产的功能，以及发挥对小规模农户的示范效应，应注重引导其向采用先进科技和生产手段的方向转变，增加技术、资本等生产要素投入，着力提高集约化水平。

3. 家庭农场发展依据

家庭农场这是个源于欧美的舶来名词，在我国家庭农场作为新生事物于2013年中央一号文件中首次提出，目前还处在发展的起步阶段。关于家庭农场的建设目前国家还没有统一的认定标准，但是家庭农场的基本属性和核心内涵是比较明确的。当前各地指导发展家庭农场主要是依据农业部《关于促进家庭农场发展的指导意见》（农经发〔2014〕1号），并结合当地实际情况制定的家庭农场认定标准开展的。各地的家庭农场认定标准虽不统一，但是家庭农场的主要条件和要求都基本符合农业部促进家庭农场发展指导意见的精神。

4. 家庭农场的基本特征

具体可概括为以下 4 个方面。

第一，以家庭为生产经营单位。家庭农场的兴办者是农民，是家庭。相对于专业大户、合作社和龙头企业等其他新型农业经营主体，家庭农场最鲜明的特征是以家庭成员为主要劳动力，以家庭为基本核算单位。家庭农场在要素投入、生产作业、产品销售、成本核算、收益分配等环节，都以家庭为基本单位，继承和体现家庭经营产权清晰、目标一致、决策迅速、劳动监督成本低等诸多优势。家庭成员劳动力可以是户籍意义上的核心家庭成员，也可以是有血缘或姻缘关系的大家庭成员。家庭农场不排斥雇工，但雇工一般不超过家庭务农劳动力数量，主要为农忙时临时性雇工。

第二，以农为主业。家庭农场以提供商品性农产品为目的开展专业化生产，这使其区别于自给自足、小而全的农户和从事非农产业为主的兼业农户。家庭农场的专业化生产程度和农产品商品率较高，主要从事种植业、养殖业生产，实行一业为主或种养结合的农业生产模式，满足市场需求、获得市场认可是其生存和发展的基础。家庭成员可能会在农闲时外出打工，但其主要劳动场所在农场，以农业生产经营为主要收入来源，是新时期职业农民的主要构成部分。

第三，以集约生产为手段。家庭农场经营者具有一定的资本投入能力、农业技能和管理水平，能够采用先进技术和装备，经营活动有比较完整的财务收支记录。这种集约化生产和经营水平的提升，使得家庭农场能够取得较高的土地产出率、资源利用率和劳动生产率，对其他农户开展农业生产起到示范带动作用。

第四，以适度规模经营为基础。家庭农场的种植或养殖经营必须达到一定规模，这是区别于传统小农户的重要标志。结合我国农业资源禀赋和发展实际，家庭农场经营的规模并非越大越好。其适度性主要体现在：经营规模与家庭成员的劳动能力相匹配，确保既充分发挥全体成员的潜力，又避免因雇工过多而降低劳动效率；经营规模与能取得相对体面的收入相匹配，即家庭农场人均收入达到甚至超过当地城镇居民的收入水平。

5. 发展家庭农场的重要性

当前，我国农业农村发展进入新阶段，应对农业兼业化、农村空心化、农民老龄化的趋势，亟须构建集约化、专业化、组织化、社会化相结合的新型农业经营体系。家庭农场保留了农户家庭经营的内核，坚持了家庭经营在农业中的基础性地位，适合我国基本国情，符合农业生产特点，契合经济社会发展阶段，是引领农业适度规模经营、构建新型农业经营体系的有生力量。

第一，发展家庭农场是应对"谁来种地、地怎么种"问题的需要。一方面，大量青壮年劳动力离土进城，在一些地方出现农业兼业化、土地粗放经营甚至撂荒，需要把进城农民的地流转给愿意种地、能种好地的专业农民；另一方面，一些地方盲目鼓励工商企业长时间、大面积租种农民承包地，既挤占农民就业空间，也容易导致"非粮化""非农化"。培育以农户为单位的家庭农场，则是在企业大规模种地和小农户粗放经营之间走的"中间路线"，既有利于实现农业集约化、规模化经营，又可以避免企业大量租地带来的种种弊端。

第二，发展家庭农场是坚持和完善农村基本经营制度的需要。随着市场经济的发展，传统农户小生产与大市场对接难的矛盾日益突出，使一些人对家庭经营能否适应现代农业发展要求产生疑问。在承包农户基础上孕育出的家庭农场，既发挥了家庭经营的独特优势，符合农业生产特点要求，又克服了承包农户"小而全"的不足，适应现代农业发展要求，具有旺盛的生命力和广阔的发展前景。培育和发展家庭农场，很好地坚持了家庭经营在农业中的基础性地位，完善了家庭经营制度和统分结合的双层经营体制。

第三，发展家庭农场是发展农业适度规模经营和提高务农效益，兼顾劳动生产率与土地产出率同步提升的需要。土地经营规模的变化，会对劳动生产率、土地产出率产生不同的影响。如果土地经营规模太小，虽然可以实现较高的土地产出率，但会影响劳动生产率，制约农民增收。目前许多地方大量农民外出务工，根本原因在于土地经营规模过小，务农效益低。户均半公顷地，无论怎么经营都很难提高务农效益。当然，如果土地经营规模过大，虽然可以实现较高的劳动生产率，但会影响土地产出率，不利于农业增产，也不符合我国人多地少的国情农情。因此，发展规模经营既要注重提升劳动生产率，也要兼顾土地产出率，把经营规模控制在"适度"范围内。家庭农场以家庭成员为主要劳动力，在综合考虑土地自然状况、家庭成员劳动能力、农业机械化水平、经营作物品种等因素的情况下，能够形成较为合理的经营规模，既提高了务农效益和家庭收入水平，又能够实现土地产出率与劳动生产率的优化配置。

第四，发展家庭农场是借鉴国际经验教训，提高我国农业市场竞争力的需要。随着农产品市场的日益国际化，如何提高农户家庭经营的专业化、规模化水平，以确保我国农业生产的市场竞争力，是我们必须从长计议、做出前瞻性战略部署的重大课题。环顾世界，在工业化、城镇化过程中如何培育农业规模经营主体，主要有两个误区：一是一些国家盲目鼓励工商资本下乡种地，导致大量农民被迫进城，形成贫民窟，给国家经济社会转型升级造成严重影响。二是一些国家和地区长期在保持小农经营与促进规模经营之间犹豫不决，导致农业规模经营户发展艰难，农业市场竞争力始终上不去甚至下降。从长远讲，提升我国农业市场竞争力必须尽快明确发展家庭农场的战略目标，建立健全相应的引导和扶持政策体系，促进农业适度规模经营发展。

【案例】

李翠英发展生态家庭农场带领乡亲走上致富路

"别看这些甜橙个头小，口感却很好，决不会让你们白跑这一趟。"3月4日上午11时，武胜县白坪乡高洞村浩宇家庭农场女主人李翠英正忙给前来购买甜橙的游客称秤。记者看到，电子秤上的满满3袋甜橙，足有50斤（1斤＝0.5千克。全书同）重。

"去年果园产出了近10万斤甜橙，可还是无法满足游客的购买需求，目前甜橙销售已进入扫尾阶段，每天仍有不少游客上门来购买。"送走游客后，李翠英乐滋滋地告诉记者，去年，她的农场"大丰收"，仅甜橙就有30多万元收入，还出栏了2 000多头肥猪。

据了解，2004年，李翠英与丈夫回乡创业，发展生态家庭农场，并带领乡亲走上了致富道路。她还先后荣获省"三八红旗手""巾帼建功标兵""全国劳动模范"等荣誉称号。

为管教好儿女她放弃高薪工作回乡

一栋栋单列式圈舍里，一头头生猪憨态可掬。"最初，我并没打算创业，只想做点小生意，把两个孩子照看好。"李翠英一边带记者参观农场，一边向记者讲述她的创业故事。

李翠英出生在武胜飞龙镇的一个农村家庭，1985年高中毕业后，没有考上大学的她在当地一所小学当代课老师，结婚后，因为儿子的降临，她辞去代课老师一职，在家悉心照顾儿子。"家里就靠几亩地的收成，日子一直过得紧紧巴巴，孩子读书要花不少钱，我和老公就打算外出务工。"

1993年，李翠英和丈夫进了广州的一家食品厂，由于没有技术，一个月的收入并不多。"后来，我开始自学统计，慢慢地我做到了公司的统计主管，一个月工资有3 000多元。"在李翠英的工作渐入佳境之时，她的儿子却开始变得叛逆，经常逃课去打游戏。

"我们到外面打工挣钱也是为了让孩子有出息，他们不认真读书，我们挣再多的钱也是白忙活。"李翠英原本打算把儿女接到广州读书，但孩子们不愿意，思前想后，她与丈夫还是决定放弃高薪工作回乡。

正因如此，李翠英也一步步靠近自己的创业之路。

在挫折中奋进　创业之路渐行渐宽

2000年，回乡之后，李翠英便在家照顾儿女，丈夫在县城上班，每月仅1 000余元收入。"一家人的花销太大，入不敷出，每个月都在吃老本。"在与丈夫商量后，李翠英用积蓄在武胜县城开了一家日化店。

店铺开张后，生意相当不错，李翠英本打算一直经营下去。但2004年，他们村开始实行土地流转，李翠英从中嗅到商机，萌生了回乡承包土地搞经果林的想法。当她把想法告诉丈夫后，两人一拍即合，当即回乡承包了70余亩地。

平整土地、除草、种树……李翠英与丈夫整日埋头在地里，几个月后，60亩甜橙、黄金梨终于下了地。"原本我们只打算搞经果林，但看到当时猪价高，就想顺便发展生猪养殖，而发展生态种养模式不仅可以多一笔收入，还能节约不少肥料成本。"细算了一笔账后，李翠英开始四处借钱筹建生猪养殖场。

但是，发展生猪养殖远没有想象中顺利。"修圈舍、买底猪，前期投入了80多万元，但生猪出栏至少需要一年时间，几百头猪一天要吃上千元'口粮'。"回想起创业之初的艰辛，李翠英仍历历在目，由于不懂养殖技术，第一批仔猪到出栏时，已死了好几十头。"当时猪价也跌了，高价买进的猪只能低价卖出，真是亏得一塌糊涂。"

正是在一次次挫折中不断奋进，如今，李翠英的家庭农场年出栏生猪可达2 000余头，年产值超400万元。不过在她看来，这并不是她回乡的最大收获，"去年，儿子顺利的考上了博士，今年，女儿也将参加高考。"看着一双儿女都有出息，李翠英甚感欣慰。

发展循环经济 与乡亲共受益同奔小康

"我们家的甜橙之所以供不应求，秘诀就在这里。"来到甜橙园，李翠英指着地上绵延的黑色塑料管道告诉记者，随着养殖规模的逐步扩大，粪污处理也成了让李翠英头疼的问题。"干粪虽然可以收起来集中处理，但污水却没办法，排放出去后臭气熏天，附近村民也是怨声连连。"

于是，李翠英积极争取项目资金，并狠下"血本"，投入200多万元在农场内建成厌氧池500立方米、储气罐500立方米、田间沼液储存池1 200立方米及日处理粪便2吨的粪污处理设施。"如今粪污经过发酵处理后变成沼液，通过管道输送到田间地头，不仅彻底解决了污染问题，还为周围的果农节约了不少成本。"

高洞村村民唐秀华就是受益者之一。"与化肥相比，沼液不仅可以提高水分和养分的利用率，同时也能增加水果产量。"唐秀华说，她家承包了20亩果地，种有甜橙、葡萄、梨等，因为使用了李翠英的家庭农场的沼液，每年能省下1万多元钱。"因为施有机肥，水果口感好，买水果的回头客很多，现在家里每年卖水果，就能收入10多万元。"唐秀华眉开眼笑。

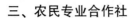

三、农民专业合作社

1. 农民专业合作社的定义

农民专业合作社是在农村家庭承包经营基础上，同类农产品的生产经营者或者同类农业生产经营服务的提供者、利用者，自愿联合、民主管理的互助性经济组织，服务对象及经营服务范围是农民合作社以其成员为主要服务对象，提供农业生产资料的购买，农产品的销售、加工、运输、储藏以及与农业生产经营有关的技术、信息等服务。

2. 农民合作社的功能

农民合作社通过农户间的合作与联合，具有带动散户、组织农户、对接企业、联合市场的功能。应成为引领农民进入国内外市场的主要经营组织，发挥其提升农民组织化程度的作用。不仅解决了传统农户家庭经营存在规模不经济的缺陷，还通过技术、资金等合作，推动了农户生产的集约化水平。

3. 农民合作社经营管理模式

当前，我国正处于传统农业向现代农业转型的关键时期，农业生产经营体系创新是推进农业现代化的重要基础，支持农民合作社发展是加快构建新型农业生产经营体系的重点。各地在大力发展农民合作社过程中，不断探索农民合作社经营管理模式，对于加快传统农业向现代农业转变、推进农村现代化和建设新农村起到了重要作用。

（1）竞价销售模式。竞价销售模式一般采取登记数量、评定质量、拟定基价、投标评标、结算资金等方法进行招标管理，农户提前一天到合作社登记次日采摘量，由合作社统计后张榜公布，组织客商竞标。竞标后由合作社组织专人收购、打包、装车，客商与合作社进行统一结算，合作社在竞标价的基础上每0.5千克加收一定的管理费，社员再与合作社进行结算。合作社竞价销售模式有效解决了社员"销售难、增收难"的问题。如福建建瓯东坤源蔬果专业合作社，通过合作社竞价销售的蔬菜价格，平均每千克比邻近乡村高出0.3元左右，每年为社员增加差价收入200多万元。

（2）资金互助模式。资金互助模式则有效解决了社员结算烦琐、融资困难等问题，目前福建省很多合作社成立了股金部，开展了资金转账、资金代储、资金互助等服务。规定凡是入市交易的客商在收购农产品时，必须开具合作社统一印制的"收购发票"，货款由合作社与客商统一结算后直接转入股金部，由股金部划入社员个人账户，农户凭股金证和收购发票，两天内就可到股金部领到出售货款。金融互助合作机制的创新实实在在方便了农户，产生了很好的社会效益。其优点在于农户销售农产品不需要直接与客商结算货款，手续简便，提高了工作效率；农户不需要进城存钱，既省路费、时间，又能保障现金安全；农户凭股金证可到合作社农资超市购买化肥、农药等，货款由股金部划账结算，方便农户；一些农民合作社为了解决生产贷款困难，进行了合作社内部信用合作资金互助探索，把社员闲散资金集中起来，坚持"限于成员内部、用于产业发展、吸股不吸储、分红不分息"，引导社员在合作社内部开展资金互助，缓解了合作社发展资本困难。

（3）股权设置模式。很多合作社属于松散型的结合，利益联结不紧密，尚未形成"一赢俱赢，一损俱损"的利益共同体。可以在实行产品经营的合作社内推行股权设置，即入社社员必须认购股金，一般股本结构要与社员产品交货总量的比例相一致，由社员自由购买股份，但每个社员购买股份的数量不得超过合作组织总股份的20%。其中股金总额的2/3以上要向生产者配置。社员大会决策时可突破一人一票的限制，而改为按股权数设置，这样有利于合作社的长足发展。

（4）全程辅导模式。当前许多合作社带头人缺乏驾驭市场的能力，有了项目不懂运作，对市场信息缺乏科学分析预测，服务带动能力不强。可以依托农业科研单位、基层农业服务机构、农业大中专院校等部门，开展从创业到管理、运营的全程辅导。以对接科研单位为重点，开展创业辅导，建立政府扶持的农民合作社"全程创业辅导机制"。结合规范化和示范社建设的开展，政府组织有关部门对农民合作社进行资质认证，并出台合作社的资质认证办法，认证一批规模较大、管理规范、运行良好的合作社。在此基础上，依托有关部门和科研单位，建立、健全全程辅导机制，进行长期的跟踪服务、定向扶持和有效辅导。

（5）宽松经营模式。要放宽注册登记和经营服务范围的限制，为其创造宽松的发展环境。凡符合合作组织基本标准和要求的，均应注册登记为农民专业合作组织。营利性合作组织的登记、发照由工商部门办理，非营利性的各类专业协会等的登记、发照和年检由民政部门办理；凡国家没有禁止或限制性规定的经营服务范围，农民合作社均可根据自身条件自主选择。同时，积极创办高级合作经济组织，在省、市、县一级创办农业协会，下设专业联合会，乡镇一级设分会，对农业生产经营实施行业指导，建立新型合作组织的行业体系。

（6）土地股份合作模式。围绕转变农业发展方式，建立与现代农业发展相适应的农业经营机制和土地流转机制，积极探索发展农村土地股份合作社。山东青州市何官镇小王村，2009 年成立了土地股份合作社，农户以承包土地入股，每亩土地的承包经营权为一股，每股年可获得 463 千克小麦股利的固定收入（按每年 6 月 20 日小麦价格兑付现金），年底按比例提取 10% 公积金、5% 公益金之后，再按股份进行二次分红。2010 年每股分红 170 元，2011 年每股分红 480 元，2012 年每股分红 1 100 元；相比 2009 年，2012 年小王村农民人均收入翻了一番。

农业发展由主要依靠资源消耗型向资源节约型、环境友好型转变，由单纯追求数量增长向质量效益增长转变，凸显了农民专业合作组织在推广先进农业科技、培养新型职业农民、提高农业组织化程度和集约化经营水平的重要载体作用。推进农民合作社经营以及管理模式的创新，并以崭新适用的模式辐射推广，必会推进农民合作社的长足发展，而这些也都需要我们根据实情不断地探索，并在实践中不断地完善。

【案例】

小蘑菇变身大产业

早春二月，乍暖还寒。3月9日，记者冒着雨雪来到陕西省商洛市商南县清油河镇团坪社区采访，走进村民余德志家，房前屋后堆放的香菇菌袋引起了记者的注意，正在忙碌的余德志欣喜地说，通过搞劳务和发展香菇产业不仅为他带来可观的经济收入，也改变了他的生活状态。他住进了新楼房，还买了小轿车，纯收入3万多元。今年香菇收购价虽受市场因素影响降了一些，但是他有信心把香菇产业做得更好。"

近年来，商南县把发展香菇产业作为促进农民增收的短平快产业来抓，财政发挥四两拨千斤作用，促进食用菌产业成为农民增收的骨干产业，全县从事食用菌产业农户1.8万户，年栽培香菇等食用菌7 200万袋，实现年产值10亿元，农民年增收达到6.6亿元。

针对高标准食用菌生产基地少、规模小，单产不高、提质增效潜力不大，龙头企业带动作用不明显等问题，县上认真研究、积极争取现代农业生产发展设施蔬菜项目资金，在县农业局精心指导、科学管理培训下，扶持组建了商南县海鑫蔬菜专业合作社，高标准建设了食用菌工厂化生产加工基地。该基地在县财政、农业等部门的支持指导下，经过两年多的快速发展，业务涵盖食用菌菌种研发生产、原料生产、菌包制备、技术指导培训、质量检测等诸多方面，对全县食用菌产业化、集约化发展发挥了明显的带动作用。

县财政局、农业局积极抢抓扶贫攻坚活动机遇，指导海鑫蔬菜专业合作社按照"合作社＋基地＋科技＋农户"的生产模式和"龙头企业＋农户＋市场"的销售模式，与贫困户建立利益联结机制，开启了产业扶贫的新征程。富水镇黑漆河村是海鑫蔬菜专业合作社香菇产业扶贫的首选村、示范村，海鑫蔬菜专业合作社投资50余万元，为该村建设食用菌标准化大棚5 000平方米，30多户贫困户在大棚发展香菇20万袋。海鑫蔬菜专业合作社决定与全县贫困户结为利益共同体，通过3年努力，发展香菇1.5亿袋以上，实现综合产值50亿元以上、税收2亿元以上，使小蘑菇变身大产业。

（来源：陕西传媒网－陕西日报）

四、农业龙头企业

1. 农业龙头企业的定义

是指以农产品加工或流通为主，通过各种利益联结机制与农户相联系，带动农户进入市场，使农产品生产、加工、销售有机结合、相互促进，在规模和经营指标上达到规定标准并经政府有关部门认定依法设立的企业。

农业产业化龙头企业是各级政府对农产品加工或流通行业中大型企业的一种等级评定，龙头企业是我们国家重点扶持的企业，是行业中的标杆企业，国家每年的投入资金会相应的进入到这些企业中来。

2. 农业龙头企业的功能

它是先进生产要素的集成，具有资金技术人才设备等方面的比较优势，通过订单合同、合作等方式带动农户进入市场，实行产加销、贸工农一体化的农产品加工或流通企业。和其他新型农业经营主体相比，龙头企业具有雄厚的经济实力，先进的生产技术和现代化的经营管理人才，能够与现代化大市场直接对接。应主要在产业链中更多承担农产品加工和市场营销的作用，并为农户提供产前、产中、产后的各类生产性服务，加强技术指导和试验示范。

五、新型农业经营主体间的联系与区别

（一）新型农业经营主体之间的联系

专业大户、家庭农场、农民合作社和农业龙头企业是新型农业经营体系的骨干力量，是在坚持以家庭承包经营为基础上的创新，是现代农业建设，保障国家粮食安全和重要农产品有效供给的重要主体。随着农民进城落户步伐加快及土地流转速度加快、流转面积的增加，专业大户和家庭农场有很大的发展空间，或将成为职业农民的中坚力量，形成以种养大户和家庭农场为基础，以农民合作社、龙头企业和各类经营性服务组织为支持，多种生产经营组织共同协作、相互融合，具有中国特色的新型经营体系，推动传统农业向现代农业转变。

专业大户、家庭农场、农民合作社和农业龙头企业，在利益联结等方面有着密切的联系，紧密程度视利益链的长短，形式多样。例如，专业大户、家庭农场为了扩大种植影响，增强市场上的话语权，牵头组建"农民合作社＋专业大户＋农户""农民合作社＋家庭农场＋专业大户＋农户"等形式的合作社，这种形式在各地都占有很大比例，甚至在一些地区已成为合作社的主要形式；农业龙头企业为了保障有稳定的、质优价廉的原料供应，组建"龙头企业＋家庭农场＋农户""龙头企业＋家庭农场＋专业大户＋农户""龙头企业＋合作社＋家庭农场＋专业大户＋农户"等形式的农民合作社。但是他们之间也有不同之处。

（二）新型农业经营主体之间的区别

新型农业经营主体之间的区别，见表1-1。

表1-1　新型农业经营主体主要指标对照

类型	领办人身份	雇工	其他
种养大户	没有限制	没有限制	规模要求
家庭农场	农民（有的地方+其他长期从事农业生产的人员）	雇工不超过家庭劳力数	规模要求、收入要求
农民合作社	执行与合作社有关的公务人员不能担任理事长；具有管理公共事务的单位不能加入合作社	没有限制	5人以上，农民占80%；团体社员20人以下的1个；超过的5%
农业企业	没有要求	没有限制	注册资金要求

【案例】

小草莓闯出8亿元大市场

眼下，有"深冬第一果"美誉的长安草莓，成为西安各大水果市场的宠儿，备受消费者青睐。

在秦岭山下这片沃土上，陕西省西安市长安区从2008年引进深冬草莓种植，到走向规模化发展，再到融合旅游业发展，一路走来，小草莓唱出"长安样本"的大戏。

八成草莓种植户购置了小轿车

长安区位于秦岭北麓，属于亚热带季风气候区，是草莓生产的优生区。为实现规模化种植，近年来长安区建成草莓标准化种植基地和园区18个，并带动上千户群众从零星种植到规模种植。同时，带动上万人走上致富路。仅在长安区西堡村，80%的草莓种植户家里都添置了小轿车。

据悉，长安冬草莓从 12 月份上市，一直持续供应到次年 5 月下旬，种植面积和产量分别占到西安的八九成，尤其是元旦和春节期间，市场水果品种青黄不接，长安深冬草莓更是备受消费者欢迎，价格也一路看涨。据调查显示，处于优生区的长安草莓，具有含糖量高、果肉致密、色泽鲜艳、香味浓郁的品质特点。目前，种植日光温室大棚草莓，一般每亩收入 4 万~7 万元，纯利润 2 万~5 万元，比种植甜瓜等效益高出一倍以上。

融合三产草莓销量 5 年增长 20 倍

长安区草莓每年都吸引数十万游客前来采摘，既卖草莓，又"卖风景"，农户的收入大幅增加，日子过得红红火火。

采摘、耕种、垂钓……草莓 + 旅游，带来了"1 + 1 > 2"的效果。众多草莓种植大户、种植基地，通过建立无公害、绿色采摘园等方式吸引消费者。在采摘消费、观光旅游与农事体验、品尝鲜果相结合的消费模式下，草莓价格不断走高，仅休闲旅游就让草莓果农增收 30% 以上。因种植规模不断扩大，草莓销量也从 5 年前的 1 000 吨增长到如今的 2 万吨，增长了 20 倍。

最贵草莓每千克卖到 300 元

在世纪金花超市，走高端路线的长安悠然酵素草莓，每千克 300 元仍被消费者抢购一空。据长安区悠然生活农庄经营者王琦介绍，他们的草莓全都立体种植在有机肥和油渣里，采用的是高标准种植模式，普通种植户一个棚亩产两三千千克，他们通过疏花疏果，亩产控制在 500 千克左右。种植草莓使用的是来自于东北的基质土，生产全程不使用化肥和农药，而是通过生物肥料"酵素"施肥驱虫，促进土壤改良，采用杀虫灯、黄色粘虫板等物理方法杀虫。虽然投入不小，但生产出的草莓品质无敌，通常要比普通草莓售价高出五六倍，甚至更高，就这仍供不应求。

为适应市场变化，满足消费者的新理念、新需求，园区种植的草莓不但规模化、标准化生产，而且实现了全程可追溯，不仅通过了无公害农产品认证，还获得国家农产品地理标志登记保护，成为地域生态优势品牌。

第三节　新型职业农民：现代农业的主力军

习近平总书记强调，关于"谁来种地"，核心是要解决人的问题，通过富裕农民、提高农民、扶持农民，让农业经营有效益，让农业成为有奔头的产业，让农民成为体面的职业，让农村成为安居乐业的美丽家园。要把加快培育新型农业经营主体作为一项重大战略，以吸引年轻人务农、培育职业农民为重点，建立专门政策机制，构建职业农民队伍，为农业现代化建设和农业持续健康发展提供坚实人力基础和保障。我国今后一个相当长时期，农村将是传统小农户、兼业农户与专业大户、家庭农场以及农业企业并存的局面。但代表现代农业发展方向的是新型经营主体和新型职业农民。新型职业农民是家庭经营的基石、合作组织的骨干、社会化服务组织的中坚力量，是构建新型农业经营体系的基本细胞，是发展现代农业的基本支撑，是推动城乡发展一体化的基本力量，是现代农业生产经营的主力军。

一、新型职业农民的概念

从我国农村基本经营制度和农业生产经营现状及发展趋势看，新型职业农民是指以农业为职业、具有一定的专业技能、收入主要来自农业的现代农业从业者。新型职业农民是伴随农村生产力发展和生产关系完善产生的新型生产经营主体，是构建新型农业经营体系的基本细胞，是发展现代农业的基本支撑，是推动城乡发展一体化的基本力量。新型职业农民是相对传统农民、身份农民和兼职农民而言的，是一个阶段性、发展中的概念。从广义上讲，职业是人们在社会中所从事的作为谋生的手段。从社会角度看职业是劳动者获得的社会角色，劳动者为社会承担一定的义务和责任；从人力资源角度看职业是指不同性质、不同形式、不同操作的专门劳动岗位。所以，职业是指参与社会分工，用专业的技能生活的一项工作。因而，新型职业农民首先是农民，从职业意义上看，是指长期居住农村，并以土地等农业生产资料长期从事农业生产的劳动者。且要符合以下 4 个条件：一是占有（或长期使用）一定数量的生产性耕地；二是大部分时间从事农业劳动；三是经济收入主要来源于农业生产和农业经营；四是长期居住在农村社区。按照中央一号文件要求应为"有文化、懂技术、会经营"的农民致富带头人。新型职业农民是伴随农村生产力发展和生产关系完善产生的新型生产经营主体，是构建新型农业经营体系的基本细胞，是发展现代农业的基本支撑，是推动城乡发展一体化的基本力量。

图 1－5 是在西宁召开的全国新型职业农民培育工作会议。

图 1－5　全国新型职业农民培育工作会议·西宁

二、培育新型职业农民的重要意义

2014 年的中央农村经济工作会议，对农村改革提出了明确要求。大力培育新型职业农民，是深化农村改革、增强农村发展活力的重大举措，也是发展现代农业、保障重要农产品有效供给的关键环节。

1. 培育新型职业农民，是确保国家粮食安全和重要农产品有效供给的迫切需要

解决 13 亿人的吃饭问题，始终是治国安邦的头等大事。2004—2013 年，我国粮食生产实现历史性的"十连增"。主要农产品供求仍然处于"总量基本平衡、结构性紧缺"的状况。随着人口总量增加、城镇人口比重上升、居民消费水平提高、农产品工业用途拓展，我国农产品需求呈刚性增长。习近平总书记强调，中国人的饭碗要牢牢端在自己手里，就要提高我国的农业综合生产能力，让十几亿中国人吃饱吃好、吃得安全放心，最根本的还得依靠农民，特别是要依靠高素质的新型职业农民。只有加快培养一代新型职业农民，调动其生产积极性，农民队伍的整体素质才能得到提升，农业问题才能得到很好解决，粮食安全才能得到有效保障。

2. 培育新型职业农民，是推进现代农业转型升级的迫切需要

当前，我国正处于改造传统农业、发展现代农业的关键时期。农业生产经营方式正从单一农户、种养为主、手工劳动为主，向主体多元、领域拓宽、广泛采用农业机械和现代科技转变，现代农业已发展成为一、二、三产业高度融合的产业体系。支撑现代农业发展的人才青黄不接，农民科技文化水平不高，许多农民不会运用先进的农业技术和生产工具，接受新技术、新知识的能力不强。只有培养一大批具有较强市场意识，懂经营、会

管理、有技术的新型职业农民，现代农业发展才能实现。

3. 培育新型职业农民，是构建新型农业经营体系的迫切需要

改革开放以来，我国农村劳动力、大农业劳动力数量不断减少、素质结构性下降的问题日益突出。以妇女和中老年为主，小学及以下文化程度比重超过50%。60%以上的新生代农民工不愿意回乡务农。今后"谁来种地"将成为一个重大而紧迫的课题。确保农业发展"后继有人"，关键是要构建新型农业经营体系，发展专业大户、家庭农场、农民合作社、产业化龙头企业和农业社会化服务组织等新型农业经营主体。把新型职业农民培养作为关系长远、关系根本的大事来抓，通过技术培训、政策扶持等措施，留住一批拥有较高素质的青壮年农民从事农业，不断增强农业农村发展活力。

三、新型职业农民的特征和素质

与传统农民不同，新型职业农民除了符合上面4个条件以外，从生产经营的角度，还具有以下3个鲜明特征：一是以市场为主体。传统农民主要追求维持生计，而新型职业农民则充分地进入市场，将生产的农产品推向市场，追求较高的商品率，并利用一切可能的选择，使报酬最大化，获取较高的收入。二是要具有高度的稳定性。把务农作为终身职业，而且培养好"农二代"，使家庭经营后继有人，不是农业的短期行为。三是要具有高度的社会责任感。其生产经营行为对生态、环境、社会和后人承担责任。新型职业农民是现代农业生产经营的主力军，是新型农业经营主体。在从事生产经营过程中，通过学习，不断提高自身修养，增强创业能力和技能，依照"三新"量身打造自己，一是新观念。包括主体观念、开拓创新观念、法律观念、诚信观念等。二是新素质。即科技素质、文化素质、道德素质、心理素

质、身体素质等。三是新能力。包含发展农业产业化能力、农村工业化能力、合作组织能力、特色农业能力等。

四、新型职业农民的主要类型

按照我国目前农业生产关系和劳动力结构，新型职业农民可以划分为 3 类：主要包括生产经营型、专业技能型和社会服务型。

生产经营型职业农民，是指以农业为职业、占有一定的资源、具有一定的专业技能、有一定的资金投入能力、收入主要来自农业的农业劳动力。主要是指生产经营大户，如种植、养殖、加工、农机等专业大户、家庭农场主、农民合作社带头人等。

专业技能型职业农民，是指在专业合作社、家庭农场、专业大户、农业企业等新型农业经营主体较为稳定地从事农业劳动作业，并以此为主要收入来源，具有一定专业技能的现代农业劳动力。主要是农业工人、农业雇员等。

社会服务型职业农民，是指在经营性服务组织或个体直接从事农业产前、产中、产后服务，并以此为主要收入来源，具有相应服务能力的现代农业社会化服务人员，主要是农机手、植保员、防疫员、沼气工、水利员、农村信息员、园艺工、跨区作业农机手、农产品经纪人等。

【案例】

新型职业农民助力现代农业发展

王飞是河南省首批获认证的新型职业农民（图 1-6）。通过在河南省农业广播电视学校夏邑分校举办的全日制中专班的培训学习，王飞全面掌握了大棚蔬菜种植技术，更学到了经营管理方面的知识。目前，王飞租地一百余亩，建起了家庭农场，种植的作物种类多样，大棚蔬菜、杏树、葡萄、梨树等等依次成熟收获，一年下来，一家人收入达60万元。

图1-6 夏邑县首批新型职业农民——王飞

【阅读资料】

新型职业农民会是哪些人？

经济日报记者曾经采访过两名青年农民，一名从西南农大毕业后到四川双流县承包了大片农地种植蔬菜，通过几年摸索，逐渐掌握了当地气候土壤特点，种出来的蔬菜比别人好许多，农民跟着他收入也增加了，现在好几个地方都请他去承包菜地。另一名是湖北枣阳的种植大户，父亲带着儿子种了几百亩水稻，因为收入好，两个孩子都愿意种地。这两类青年农民很有代表性，一个从专业农校毕业自觉从事农业耕种，一个子承父业不离开土地，他们的共同特点是懂技术，对农业有着深厚的感情。因此，专家认为，新型职业农民的主体将是这样的农村青年，比如，种植养殖大户、家庭农场的继承人，或者是专业合作组织的领头人或主力成员，或者是致力于农业生产服务的专业农校学生等等。

【案例】

"我们就要当新型职业农民"
——望都县新型职业农民培育见闻

阳光刚爬上一墙高，河北望都县贾村镇王文村妇女李秀敏的家里十多位妇女聚拢在一起，不是在搓麻将，而是在叽叽喳喳地交流蔬菜种植技术。该村绿亨蔬菜种植专业合作社社长曹志芹说："这便是我们村的蔬菜娘子军。"

30 岁出头的李秀敏给群众留下的印象是，脑子转得快，汽车都撵不上。三年前，她和丈夫在农田上戳起两个冷棚种植西红柿，去年，在 9 亩承包地上又搭建 5 个冷棚。王文村作为贫困村，种植户享受到了国家扶贫政策给予每户 5 000 元强有力的资金支撑。记者问起李秀敏挣了多少钱，她只笑不答。她说，种植户看得最重的就是，要钱要物不如要技术，我们就要当新型职业农民。

"新型职业农民培育恰恰倾听了农民成长的呼声，现代农业的发展离不开有文化、懂技术、会经营的新型职业农民队伍。"该县农业局局长耿礼介绍。为了提高农民科学文化素质，该县县委、县政府确定了"一村一品一人才""一乡一特色一院所"，积极与大专院校牵手，把院校、农林畜部门、科技协会等方面的技术力量有效整合，以新型农民学校、阳光工程培训、新型职业农民培育为平台，开设农村急需的设施蔬菜、设施粮食、农村经济综合管理等六大涉农专业的培训班，确保每户有一个科技"明白人"。目前，该县 3 万多名受训农民已活跃在基层，他们在农业结构调整实践中，成为名副其实的"领头羊"。

"以前种地，就是继承父辈的经验，上大粪，浇大水，不考虑从土坷垃里找找缺钾、缺磷的原因。"该县中韩庄乡柳陀村种粮大户刘振英说他前几年种粮食就是胡诌八咧。"自打参加县里科技培训后，刘振英的观念新了，脑子活了，在他自己承包的950亩耕地运用新技术，抓规模生产，选种优良品种，实施农业生产机械化，推行测土配方施肥和深松等技术，成为了全国有名的种粮大户。"按照县农业局的说法，刘振英就是新型职业农民的杰出代表。

"以前培训老师讲得都是常规技术，现在讲课，好多涉及农产品销售、管理和品牌化，让我们眼睛一亮。"该县十里铺村菜农蒋振刚深有感触地告诉记者，这些更高层次、更多样化的培训，都是他比较感兴趣的问题。王文村党支部书记刘栓柱用书面的语言介绍新型职业农民培育：培育与培训有着截然的区别，培训是传授知识和技能的过程；培育则包括了新型职业农民成长的全过程，是一项跨行业、跨部门、涉及众多相关影响因素的系统工程，有专业机构和专业队伍做主体支撑，引领和推进新型职业农民培育向专业化、标准化、规范化和制度化方向发展。

"没到过廊坊永清和山东寿光，就不知道什么是设施蔬菜标准化；老守着自己的一亩三分地，把一眼井看成老天，永远开不了眼界挣不了票子。"刘栓柱介绍，2012年全村冷棚40几亩，今年发展到500亩，翻了3番还多，大家都争着当农场主。

"在市场竞争的浪潮中，我们的对策一是更新品种，做到'你无我有，你有我优'，哪个品种在市场上有竞争力就上哪个。二是蹚市场。村里这些职业农民，坐在家里就能看见北京的菜市场（通过电脑）。从东三省、银川到深圳，我们村的硬果番茄通过网上销售玩转了全国。"刘栓柱又悄悄透露：最近，全村又多了20多辆小轿车。

五、怎样才能成为新型职业农民

不同类型的新型职业农民，通过不同的认定形式才能成为新型职业农民。新型职业农民的认定重点和核心是生产经营型，以县级人民政府认定。专业技能型和社会服务型，主要通过农业职业技能鉴定认定。

1. 认定原则

新型职业农民的认定是一项政策性很强的工作，要坚持以下基本原则：一是政府主导原则。由县级以上（含县级）人民政府发布认定管理办法，明确认定管理的职能部门。二是农民自愿原则。充分尊重农民愿意，不得强制和限制符合条件的农民参加认定，主要通过政策和宣传引导，调动农民的积极性。三是动态管理原则。要建立新型职业农民退出机制，对已不符合条件的，按规定及程序退出，并不再享受相关扶持政策。四是与扶持政策挂钩原则。现有或即将出台的扶持政策必须向经认定的新型职业农民倾斜，并增强政策的吸引力和针对性。由县级政府发布认定管理办法并作为认定主体，县级农业部门负责实施。

2012年农业部启动实施了新型职业农民培育试点工作，要求试点县把专业大户、家庭农场主、农民合作社带头人，以及回乡务农创业的农民工、退役军人和农村初高中毕业生作为重点培养认定对象，选择主导产业分批培养认定。

2. 认定条件

新型职业农民认定管理办法主要内容应明确认定条件、认定标准、认定程序、认定主体、承办机构、相关责任、建立动态管理机制。生产经营型职业农民是认定重点，要依据"五个基本特征"，在确定认定条件和认定标准时充分考虑不同地域、不同产业、不同生产力发展水平等因素。重点考虑3个因素：一是以农业为职业，主要从职业道德、主要劳动时间和主要收入来源等方面体现；二是教育培训情况，把接受过农业系统培训农业职业技能鉴定或中等及以上农科教育作为基本认定条件；三是生产经营规模，主要依据以家庭成员为主要劳动力和不低于外出务工收入水平确定生产经营规模，并与当地扶持新型生产经营主体确定的生产经营规模相衔接。

　　3. 认定标准

　　生产经营型职业农民的认定标准，实行初级、中级、高级"三级贯通"的资格证书等级，认定标准包括文化素质和技能水平、经营规模、经营水平及收入等方面。

　　初级：经教育培训（培养）达到一定的标准，经认定后，颁发由农业部统一监制、地方政府盖章的证书。

　　中、高级：已获得初级持证农民或其他经过培育达到更高标准的，经认定后颁发相应级别的资格证书。

　　2012 年 8 月开始实施的新型职业农民培育工作试点县，新型职业农民证书由县级政府印制盖章。

　　专业技能型和社会服务型职业农民的认定标准，按农业职业技能鉴定不同类别和专业标准认定。颁发由人力资源和劳动保障部及鉴定部门盖章的证书。

　　我国地域广阔、地大物博，气候条件、生产环境、生产能力、经济水平、产业现状等差异很大，新型职业农民的认定标准由各地根据其具体条件和实际情况制定。

第四节　培育新型农业生产经营者队伍

　　党的十八届五中全会明确提出了培养新型职业农民的战略要求。可以说，大力培育新型职业农民国家战略已经全面确立和总体部署。培育新型职业农民是一项系统工程和长期任务，历经35 年农民教育培训丰富实践的中央农业广播电视学校及其全国体系，作为农民教育培训专门机构性质的"国家队"，迫切需要系统总结基本经验、全面夯实主体支撑、不断创新机制模式，有序有效有力推进新型职业农民培育工作的扎实深入开展，加快培养造就新型农业生产经营者队伍。

一、集中优势培育新农民

中央农广校集中了三大组织优势。横向组织优势是联合办学及其领导机制。创办初始由 10 个部委（单位）联合举办，目前联合办学单位已发展到 21 个，建立了由各联合办学单位组成的中央农广校领导小组、兼职副校长和联络员三层联合办学领导机制。纵向组织优势是自上而下的全国体系。基本形成了中央、省、市、县四级建制农广校和乡村教学点五级办学体系。现有中央校 1 所、省级校（含农垦）36 所、市级校 345 所、县级校 2 184所、中职教育乡村教学班 19 105 个。目前正在加快建立以农民合作社等为依托、广泛覆盖现代农业产业的农民田间学校，使自上而下的线性体系在产业上实现网络化覆盖。网络化组织优势是信息化手段应用和融合发展。从建立初期的广播应用，到 20 世纪 80 年代后期电视应用，到 21 世纪初互联网络和卫星网络应用，到现在智能化云平台的应用，农广校一直是我国现代农业远程教育的代表，目前已形成"农广之声"农业广播教育、"农广天地"农业电视教育、"农广在线"农业网络教育、"农广微教育"农业移动学习和"农广智云"智慧农民云平台五大品牌。

二、抓住工作主线夯实主阵地

新型职业农民培育工作启动 3 年多来，全国农广校紧紧抓住三条工作主线不断强化主体支撑。

一是着力打造新型职业农民培育基础平台。

充分发挥决策参谋、技术支撑和政策执行等公共服务职能，配合农业行政部门做好新型职业农民培育基础工作。先后承担新型职业农民教育培养等重大课题研究，研究起草新型职业农民培育试点方案和指导意见、新型职业农民培育工程和现代青年农场主培养计划实施方案等工作文件，举办各级管理人员业务培训班，总结推广新型职业农民培育十大模式。实施农业国际交流合作项目，借鉴发达国家专业农民教育培训经验做法，加强典型宣传。研究起草新型职业农民培育"十三五"发展规划和《职业农民促进法》立法提议，筹备务农农民职业化进程监测工作。在农业行政部门指导下加强新型职业农民培育基础建设。组织编制论证《中等职业学校新型职业农民培养方案试行》，推进教育教学改革。推动下发新型职业农民培育教材建设通知，建立建管用评教材工作机制，编制发布 50 种新型职业农民培训规范，组织编写 26 种规划教材。开发运行"现代青年农场主培养计划申报系统""新型职业农民培育工程信息管理系统"及"新型职业农民信息库"，建立运行中国新型职业农民网站和微信公众号。按照农业行政部门要求承担新型职业农民认定管理事务。农业部《关于统筹开展新型职业农民和农村实用人才认定工作的通知》明确，农广校等专门机构作为承办机构，具体负责受理审核、建档立册、证书发放、信息库管理及相关组织服务等认定事务。这是构建职业农民队伍的基础工作和系统工程，全国农广校将其作为基本职责规范有序开展。

二是努力构建新型职业农民教育培训"一主多元"体系。

我国农民教育培训资源总体丰富与实力不强、注重统筹与机制缺失并存，构建"一主多元"新型体系需要加强建设壮主体、创新机制活多元。首先抓好农广校建设强化基础依托。下大力气稳定机构队伍、明确职能任务、改善公益基础设施、完善公共服务条件，农广校教育培训服务能力进一步增强。同时把农广校"空中课堂""固定课堂""流动课堂""田间课堂"一体化建设纳入新型职业农民培育十三五发展规划，争取进一步改善专门机构设施条件。第二，充分发挥全国农业职业教育教学指导委员会作用，参与组建中国农业职业教育校企联盟及现代农业、现代畜牧业、现代渔业、都市农业和现代装备五大职教集团，积极构建现代农业职业教育体系。同时研究谋划农职院校与农广校系统点面联动机制，统筹组建培养基地，用好农职院校和农广校两个资源，创新新型职业农民培育模式。第三，以农广校为平台载体，加快建立农民教育培训师资库和导师制度。吸引农业科研院所、农业院校、农技推广机构专家教授和技术人员、农业企业管理人员、优秀农村实用人才担任兼职教师，分级建立 10 万人规模的高素质师资库。同时在县级农广校推行新型职业农民培育导师制度，对新型职业农民全程开展教育培训辅导、产业发展引导和生产生活指导。第四，研究制订农民田间学校建设方案，通过政策推动、扶持拉动、任务带动和机制联动，引导农民合作社等新型经营主体普及农民田间学校。同时抓紧研究乡镇（区域）农技推广机构在新型职业农民培育工作中的组织延伸功能，以及在现代农业示范园区、农业企业建立新型职业农民实训实践基地的办法措施。

三是大力加强新型职业农民教育培训工作。

深入推进农广校中等职业教育改革发展，及时推出家庭农场生产经营专业，指导基层校抓好招生和教学工作，目前中职教育在校生 23 万人。积极承担新型职业农民培育工程和现代青年农场主培养计划主体培训任务，农广校系统两年共培育 100 万人。创新培训方式，开展务农农民和新型经营主体摸底调查，建立培育对象数据库，在培育对象上实现与新型生产经营主体的对接和融合；围绕产业开展从种到收、从生产决策到产品销售"一点两线"全程培训，在培育目标上实现与现代农业产业发展的对接和融合；适应农民学习和生产生活特点，推行"分段式、重实训、参与式"培训，在培育方式上实现与农民学员实际要求的对接和融合。

三、加强结盟实现全覆盖

农民教育培训最大的问题是组织问题，创新农民教育培训模式，首先要创新农民教育培训组织方式，有效破解教育培训"低水平简单重复"和"搞培训不抓队伍"问题。农广校坚持开放的大体系观，创新机制模式打造资源集合平台，推进专门机构、相关资源和市场主体 3 种力量结盟，探索建立政府部门统筹领导下的新型职业农民教育培训"苹果型"组织服务方式。"一个果柄"是作为"国家队"的专门机构。由中央、省、市、县四级建制农广校组成，起组织支撑和资源保证作用。"三片叶子"是相关资源的有序高效利用。"第一片叶子"是依托乡镇（区域）农技推广机构建立新型职业农民培育基层站，将专门机构的组织支撑和资源保证作用进一步向乡镇（区域）延伸；"第二片叶子"是对接农职院校建立培养基地，提供新型职业农民高端培训和高职教育；"第三片叶子"是联系现代农业园区、农业企业建立产业实训基地，服务新型职业农民实习实践。"一个果实"是作为市场主体的新型农业经营主体。引导农民合作社等建立农民田间学校，以"一社一校"的布局实现对产业和农民的全覆盖。"苹果型"有机统一体，把政府部门的统筹主导职能、专门机构的支撑保证作用、相关资源的有序高效利用机制导入市场主体，共同培育和服务新型职业农民。

再过 10 年 20 年，中国农业将主要由新型职业农民来承担，中国农业将由此走向现代化。我们将以专业队伍的专注精神担负专门机构的职责使命，全面加强基本职能、基本队伍和基本条件建设，不断完善基础工作平台、资源集合平台和教育培训平台，更快更好更大规模地培育新型职业农民。

【阅读资料】

如何精准发力培育新型职业农民

加快农业现代化，关键是实现农民的现代化。一方面，农村务农人员"兼业化"、老龄化问题突出，后备劳动力出现不想务农、不爱务农、不会务农的困境。另一方面不仅珠三角、长三角，老工业基地东北也频传技工短缺的呼声。围绕"谁来种地""怎么种地""谁来经营农村""谁来发展农村"，全国政协委员畅所欲言，聚焦如何更加精准培育新型职业农民献计献策。

顶层设计，建立职业农民准入制度

全国政协委员、河南农业大学副校长张全国建议政府做好顶层设计，构建新型职业农民培育的政策法规体系、运行管理体系、技术支持体系和质量督导体系，把新型职业农民培育工作纳入法制化、规范化管理轨道。

全国政协委员、民革浙江省委会副主委计时华认为，要加快制定统一明确的新型职业农民的职业标准，参照加拿大、德国等的职业农民准入制度设计，逐步探索将从事农业生产、经营与接受农民职业教育资格认定相挂钩，建立农业职业资格的准入制度。政府对取得资格证书的职业农民给予财政补贴、金融贷款等多项扶持政策。

智力支持，整合教育培训资源

形成农民职业教育培育体系是解决这一问题的核心。计时华呼吁整合教育资源，形成高、中、初"三位一体"互为补充的职业农民教育培育体系。初等职业农民培训主要是通过短期辅导、农闲夜校、网络学院等形式提供阶段性的培训课程、技术指导等非学历从业教育。中等职业农民培训主要依靠中专、农广校培训中心等对没有接受过农业教育的新农民提供较为系统的农业经营知识学历教育。高等职业培训则是依托农业类专业的高校、高职，培养具有一定专业水平的农业经营者、农业技术员及农业科研人员等现代农业人才。

"当前，要打破过去只有高考才能上大学的界限，学历教育可以是大学生，也可以是种粮大户、合作社等推荐的人，形成独立的办学和考试方式。"全国政协委员、隆平高科常务副董事长伍跃时说。

全国政协委员、上海教科院副院长胡卫建议，以区域经济和产业集群为依据，合理规划区域职业教育的发展规模和布局结构，建立专业结构优化调整机制，推动专业设置和行业需求的对接。同时，支持行业、企业发挥其在各自行业职业教育与培训中的主体作用。

多元保障，引入"互联网＋"新思维

全国政协委员、中国农科院果树所所长刘凤之建议，创新财政资金投入机制，由向培训对象发放补贴的做法，向政府购买社会培训服务转变，建立以财政资金撬动社会资金的多元资金投入机制，引导社会优质培训资源加入培训体系。

计时华对此也颇有同感，他认为对开展农民职业培训学历教育的学校，要进一步提高补贴标准，改善办学条件，对民办职业教育教师队伍，通过养老医疗保险补助等方式给予更多留人优惠政策，对未升学且愿意从事农业的农村高初中毕业生免费提供农业技能培训，享受免学费、补生活费政策。同时，积极探索创设农民职业教育基金等形式，鼓励和吸引企业及个人参与到农业职业教育培训筹资中来。

"互联网对生活的改变太大了。"张全国建议，政府应当指导和扶持互联网供应商及相关行业企业等社会机构积极参与新型职业农民培训的新兴市场，借助"互联网＋"的强大引擎，借助智能手机、网络电视等，积极构建社会运营平台，让农民低成本、方便快捷地获取优质培训资源，为农民提供农业生产和经营等全过程的教育培训服务，从而解决农业科技推广"末梢堵塞"现象，畅通农业技术服务"最后一公里"。

（来源：《农民日报》张丛）

四、新型农业经营主体在农业生产经营中的作用

新型农业经营主体有以下几个方面的作用。

1. 有利于农产品质量安全监管全程控制

生产环节是农产品质量安全监管的重点和难点，农产品质量安全控制要贯穿整个生产过程。要强化生产源头管理，就要开展农产品产地环境安全评价和监控，实行产地编码，同时对农业投入品进行规范和监管。现代农业经营主体整合了农业资源，有利于实行统一生产资料供应、技术服务、质量标准和营销运作，有效对农业投入品进行监管，强有力推进农业标准化和品牌化建设，便于探索基地农产品的准出和追溯管理。

2. 促进经营理念的转变

现代农业经营主体有利于实现从"自然农户"到"法人农户"的转变，在提高农业生产组织化率的同时，能有效促进农业生产者农业经营理念、运行机制、经营模式等重大变革，缩短农产品供给链，并使生产优质安全的农产品逐渐成为自觉行为；同时现代农业经营主体能寻求更多的市场机会和更好的价格改进，有利于实施品牌经营战略，更注重农产品安全生产，促进产业健康持续发展。

3. 提升风险抵御能力

在稳定农村土地承包关系的基础上，努力提高农户集约经营水平，更有利于先进实用技术和现代生产要素的采用，相较于分散农户而言，现代农业经营主体抗拒自然风险、技术风险、市场

风险、经济风险的能力明显要有所提升，必然导致农产品质量安全水平的全方位提升。

4. 发挥科技示范作用

现代农业经营主体在农业科技创新成果的应用方面可以起到引领、示范和带动的作用。现代农业经营主体所掌握的农业资源相对集中，生产规模相对较大，通过出资研发、购买成果等形式与大专院校、科研院所建立合作关系，形成以应用促进研发的良性互动和机制，有力促科研、教学、推广与生产之间的密切合作，用科技保障农产品质量安全。

【案例】

"职业农民"渐成中国乡村经济发展新力量

农历新年刚过，山东省邹平县农民刘正业就准备启动筹划近一年的土壤改良计划，这将让他承包的 2 000 亩耕地亩均产量再提升 20% 左右。刘正业从商多年，如今他毅然回到乡村，成为一名"职业农民"。

新型城镇化带动了部分农民进城就业定居，为整合耕地资源提供了空间，并出现家庭农场、农民合作社等新型农业经营主体，带动了一批农民形成日益庞大的职业农民群体，农业生产也从自种自收走向更加专业化。

刘正业正是抓住这一契机成立了八方农场。2014 年下半年，八方农场从邹平县长山镇流转近 3 000 亩耕地，目前已平整出 2 000 亩种植玉米和小麦，其余栽种葡萄、桃、梨等。一年多的时间里，除了果树仍在培育，小麦和玉米都迎来丰收。

今年，刘正业计划将耕地分批实施土壤改良，增加土壤有机质，提升土壤肥力。将和他一起实施土壤改良计划的是他聘请的当地 6 名职业农民。他们大多在 50 岁左右，拥有丰富的耕种经验。

45 岁的王全谋已在八方农场工作近一年半时间，负责农场 635 亩耕地的耕作和管理。"过去种地都是单打独斗，一年的收入多少全凭经验和靠天气，现在有了技术指导和统一管理，效益更高了。"王全谋说。

按照约定，每年王全谋在八方农场的工作时间仅 5 个月，其余时间他能自由支配。虽然工作时间不足半年，但 2015 年他从农场获得了 7 万余元的分红，远高此前种地的收入。

和刘正业所采取的以农场形式聘请职业农民不同的是，一些农村出现了形式相对松散的专业合作社。但两者的共同点是，它们的生产方式更加科学，产品市场定位更加精准，农民的职业属性也更加突出。

在湖北当阳市淯溪镇，当阳市山星土鸡蛋合作社理事长付锐利和当地 113 名农民专门从事林下养殖，依托椪柑、桃树等果园养殖黑鸡。2 月初，即便价格比普通鸡蛋要贵近一倍，但这家合作社的产品粉壳和绿壳土鸡蛋还是在网上销售一空。

付锐利认为，职业农民的一大重要特征就是能够摆脱过去粗放的农业生产方式，并且将生产和市场需求紧密结合起来。

付锐利有两片各占地 10 亩的果园，实行轮休养殖。这家合作社所有的农户都按照这一模式养殖黑鸡，既考虑果园的承载能力，又保证纯自然的饲养模式。"绿色养殖、保护生态，这是我们产品赢得市场欢迎的关键，也是农村地区需要的变化"。

淯溪镇党委副书记王满东说，"职业农民"正成为乡村经济发展的新兴力量。"他们不仅解决了自身增收的问题，也带动当地现代农业的发展"。

对职业农民的培育也成为中国推动农业发展的重要议题。今年中央一号文件提出，加快培育新型职业农民，引导有志投身现代农业建设的农村青年、返乡农民工、农技推广人员等加入职业农民队伍。

春节前夕，刘正业所在的山东省刚刚批复《山东省新型职业农民培育实施方案》。该方案提出，到2020年，全省培育新型职业农民50万人，为山东省现代农业发展和新农村建设提供强有力的人才支撑。

刘正业认为，中国农业仍大有潜力可挖，这是他"弃商从农"的重要原因。"有了庞大的职业农民群体，加上对土壤进行一轮改良，粮食继续增收不是问题。"刘正业说。

（来源：新华社济南）

模块二　强化意识和精神 培育新型职业农民

第一节　新型职业农民意识：打造新型农民观念

2012—2017 年连续 6 年的中央一号文件都提出了有关培育新型职业农民的意见，习近平总书记也在不同场合多次强调培育新型农业经营主体的重要性。农民要转型为新型职业农民，必须树立和加强一些自身比较缺乏的基本意识，如法律意识、保护环境意识、质量安全意识、品牌效应意识、产业化经营意识等。

一、法律意识

（一）法律意识的内涵

法律意识是社会意识的一种形式，是人们的法律观念、法律知识和法律情感的总和，其内容包括对法的本质、作用的看法，对现行法律的要求和态度，对法律的评价和解释，对自己权利和义务的认识，对某种行为是否合法的评价，关于法律现象的知识以及法制观念等。

法律意识一般由法律心理、法律观念、法律理论、法律信仰等要素整合构建，其中，法律信仰是法律意识的最高层次。良好的公民法律意识能驱动公民积极守法。公民只有具有了良好的法律意识，才能使守法由国家力量的外在强制转化为公民对法律的权威以及法律所内含的价值要素的认同，从而就会严格依照法律行使自己享有的权利和履行自己应尽的义务；就会充分尊重他人合法、合理的权利和自由；就会积极寻求法律途径解决纠纷和争议，自觉运用法律武器维护自己的合法权利和利益；就会主动抵制破坏法律和秩序的行为。

另外，良好的公民法律意识能驱动公民理性守法，实现法治目标。理性守法来自以法律理念为基础的理性法律情感和理性法律认知。

（二）农民应具备的法律知识

1. 农业基本法规

主要有《中华人民共和国农业法》，包括13章内容，即总则、农业生产经营体制、农业生产、农产品流通与加工、农业投入与支持保护、农业科技与农业教育、农民权益保护、农村经济发展、执法监督、附则。《中华人民共和国农业法》体现了"确保基础地位，增加农民收入"的总体精神，对保障农业在国民经济中的基础地位，发展农村社会主义市场经济，维护农业生产经营组织和农业劳动者的合法权益，促进农业的持续、稳定、协调发展，实现农业现代化，起到了重要的作用。

2. 农业资源和环境保护法

包括《中华人民共和国土地管理法》《中华人民共和国森林法》《中华人民共和国草原法》《中华人民共和国渔业法》《中华人民共和国水法》《中华人民共和国水土保持法》《中华人民共和国水污染防治法》《中华人民共和国野生动物保护法》《中华人民共和国防沙治沙法》等法律，以及《基本农田保护条例》《草原防火条例》《中华人民共和国水产资源繁殖保护条例》《中华人民共和国野生植物保护条例》《森林采伐更新管理办法》《野生药材资源保护管理条例》《森林防火条例》《森林病虫害防治条例》《中华人民共和国陆生野生动物保护实施条例》等行政法规。

3. 促使农业科研成果和实用技术转化的法律

包括《中华人民共和国农业技术推广法》《中华人民共和国植物新品种保护条例》《中华人民共和国促进科技成果转化法》等法律及行政法规。

4. 保障农业生产安全方面的法律

包括《中华人民共和国防洪法》《中华人民共和国气象法》《中华人民共和国动物防疫法》《中华人民共和国进出境动植物检疫法》等法律，以及《农业转基因生物安全管理条例》《水库大坝安全管理条例》《中华人民共和国防汛条例》《蓄滞洪区运用补偿暂行办法》等行政法规。

5. 保护和合理利用种质资源方面的法律

包括《中华人民共和国种子法》《种畜禽管理条例》《农药管理条例》《兽药管理条例》《饲料和饲料添加剂管理条例》等。

6. 规范农业生产经营方面的法律

包括《中华人民共和国农村土地承包法》《中华人民共和国乡镇企业法》《中华人民共和国乡村集体所有制企业条例》《中华人民共和国农民专业合作社法》等。

7. 规范农产品流通和市场交易方面的法律

包括《粮食收购条例》《棉花质量监督管理条例》《粮食购销违法行为处罚办法》等行政法规。

8. 保护农民合法权益的法律

为保护农民合法权益制定了《中华人民共和国村民委员会组织法》《中华人民共和国耕地占用税暂行条例》。

9. 宪法

《中华人民共和国宪法》（以下简称《宪法》）是国家的根本法，它规定了国家的根本制度和根本任务，具有最高的法律效力。

全国各族人民、一切国家机关和武装力量、各政党和各社会团体、各企业事业组织，都必须以宪法为根本的活动准则，并负有维护宪法尊严、保证宪法实施的职责。一切法律、行政法规、地方性法规都不得同宪法相抵触。制定法律、法规、地方性法规都必须以宪法为依据和基础。

10. 婚姻法

婚姻法是调整婚姻家庭关系的基本准则。根据婚姻法最新司法解释调整的《中华人民共和国婚姻法》共6章，包括结婚、家庭关系、离婚、家暴遗弃救助措施与法律责任等内容，共51条。调整的范围既包括婚姻关系，又包括家庭关系；既有婚姻家庭关系的发生、变更和终止，也有婚姻家庭关系主体间的权利义务。

（三）农民法律意识的培养

在中国社会逐渐走向法制化的今天，法制系统要求公民按照现代的法律观念以及法制原则去行动。然而在广大农村，很多农民的行为处事还仅仅依据传统办事，这不仅影响着农民的思维方式，更是制约着农民的行为选择。新农村建设能不能成功，农民法律意识的培养至关重要。

1. 加强农民的普法教育

普法教育"不仅是一个乡土社会的地方性知识扩充（量的意义）与更新（质的意义）的过程，更是一个乡土社会的地方性知识回应国家灌输的法治知识形成新的社会规则的过程。"

根据农村的实际情况，加大民事、行政法律法规的宣传教育（图2-1）。随着社会、经济的迅速发展，农民活动涉及民事、行政法律法规的逐渐增多，所以，对农民的普法教育要转变观念，不能不分重点，应该根据农村实际情况的变化，及时调整法律宣传的内容，以确保农民在人身、财产等各个方面的正当权益不受侵犯。

2. 培养农民的法律习惯

农民法律习惯的缺乏不仅严重影响其法律意识的增强，而且

图 2 - 1　普法宣传活动

影响其行为。事实上，农民往往依赖于各类权威的维权活动模式，而不选择现代法律裁决方式。司法在农民的纠纷解决方式中所占比例还较低，政府或人民调解员调解仍是农民解决纠纷的最主要方式。在新农村建设过程中，全面实行法治，将现代法律信仰、法治精神的培育作为重要环节，培养农民的法律习惯就成为重要的内容。培养农民的法律习惯，使农民借助法律制度维护权利、履行法定义务、实现自己的利益，是新农村建设中提高农民法律素质的重要任务。只有培养农民法律的习惯，农民才会变书本上的法为现实中的法，才会真正消除对农村法制的认知障碍，才会真正维护自己的合法权益，才会真正享受法律带来的实实在在的利益。

【案例】

农民懂得并善用法律　能最大保障自身权益

2015 年 1 月，云南省勐海县灰塘村村民王刚美等 24 户村民的1 300余亩橡胶林被强制铲除，铲除理由是涉嫌侵占国有林地。事后，王刚美向县政府申请公开铲除橡胶林行为的法律依据，对方不予公开。王刚美向西双版纳中院提起行政诉讼。最终，王刚美拿到了判决书，原告方王刚美胜诉，被告方勐海县人民政府败诉。

十八届四中全会之后，上至各级领导，下到普通老百姓，"依法治国"成了人人讨论、常被提起的话题。近两年，大老虎一个接一个的被打了，各地官员贪污受贿的现象也得到了高压遏制；在法治时代的大背景下，农民、普通老百姓遇上事儿了，也得学会依法办事、有法必依。

比如真遇上事儿了，就像云南灰塘村这个事件里1 300多亩橡胶林一夜之间被强制铲除，搁以前老百姓被断了生计很可能会大闹一场，闹完了问题也不一定能解决。而现在，天天上访静坐是不能干了，这些村民依法向县政府申请公开铲除橡胶林行为的法律依据，拿不出来就法庭上见，最后胜诉，效果立竿见影。

在任何情况下，法律都是底线，它决定了你不能做什么；法律一定是可靠的、可用的解决方法。遇事儿按规矩走，腰杆就挺得直；如果还是意气用事玩老一套，上吊、自焚、上访，不光给别人添麻烦，自己也理亏。

知道要用法律保护自己了，接下来就要看效果怎么样了。咱得去琢磨是不是有法可依，这法都是咋规定的？这就好比是给了你一把好工具，该怎么用好呢？当然，得看说明书。

以云南橡胶林被铲事件为例，村民要求当地政府公开铲林子的法律依据被拒绝，坚持闹到法院最终胜诉。那是因为，《政府信息公开条例》规定，行政机关对涉及公民、法人或者其他组织切身利益的政府信息应当主动公开；《行政强制法》规定，强制执行决定应当载明强制执行的理由和依据。这些，都为村民提供了底气。

二、保护环境意识

1. 保护环境的重要性

目前，在部分农村地区，环境问题没有引起足够重视，已经成为影响人们生产生活的突出问题：一是人们环保意识淡薄，大家口袋鼓了，房子宽了，但污水随意倒，垃圾随地丢，"室内现代化，室外脏乱差"；二是饮用水源污染越来越严重，"70年代淘米洗菜，80年代洗衣灌溉，90年代垃圾覆盖，21世纪喝了就变坏"，就是部分农村饮用水质量下降的真实写照；三是超标大量使用高毒、剧毒农药和化肥，造成土壤板结，耕地质量也下降，农药瓶、化肥袋、塑料薄膜、塑料袋等到处乱扔（图2-2），给农业可持续发展和粮食安全带来很大的危害。因此，改变我们的生产生活方式，加强农村环境保护，是不容回避的现实问题。

图2-2　到处乱扔的农药瓶

2. 树立保护环境意识

环境意识是人们对环境和环境保护的一个认识水平和认识程度，又是人们为保护环境而不断调整自身经济活动和社会行为，协调人与环境、人与自然互相关系的实践活动的自觉性。也就是说，环境意识包括两个方面的含义，其一是人们对环境的认识水平，即环境价值观念，包含有心理、感受、感知、思维和情感等因素；其二是指人们保护环境行为的自觉程度。

环境保护不仅关系经济社会的可持续发展，更是改善民生、提高生活质量的必然要求；不仅是造福当代百姓，更是荫及子孙后代的长远大计。正因为如此，我国把"保护环境，减轻环境污染，遏制生态恶化"作为一项基本国策。

我国环境保护坚持预防为主、防治结合、综合治理，谁污染谁治理、谁开发谁保护，依靠群众等原则。在现代农业发展新时期，必须树立环保意识，改变生产生活方式，大力发展生态农业和绿色经济，以环境保护优化农村经济发展，让山更青，水更绿，天更蓝，环境更静。

【案例】

街头焚烧垃圾

某村中，两个看似环卫工的村民正在某村街头焚烧垃圾，垃圾以干树叶、纸屑为主，堆放在一个专门用来收集垃圾的大铁箱中，被点燃的垃圾熊熊燃烧并冒着浓浓的黑烟，很远就能闻到呛人的焦糊煳味。问其为何要烧垃圾，其中一人爽快地随口答道："省事呀！"

在这两位土生土长的村民看来，烧垃圾理所当然，却一点也没意识到自己行为的错误。他们一方面按照责任分工辛辛苦苦地把村中的垃圾收集起来，另一方面却又通过焚烧垃圾这种自作主张的简单处理方式，实实在在地严重损害着当地村庄生态环境。地上垃圾是看得见的，得到了村民重视并加以处理；但空气污染似乎可随风飘散，则被许多村民忽视或不以为意。这一现象说明，保护农村生态环境还不被一部分村民所理解和深刻认识。

提高农村垃圾处理水平不难，只要有足够的资金投入就能解决，但是，要想让村民从思想上树立强烈的环保意识不易。换句话说，保护好农村生态环境不仅要有完善的设施、严格的制度，还要对农民头脑中残存的错误环保认知进行彻底改造和提高。否则，农村建设再多的垃圾处理硬件设施，也不能保证村庄美丽，空气清新。

三、质量安全意识

农产品质量事关人民身体健康和生命安全，事关政府形象和社会稳定。在市场经济条件下，各种消费品种类繁多，因而质量便成为特定产品和服务是否具有生命力的核心因素。农民不论是生产农产品，还是从事其他行业的工作，都必须追求质量，唯有如此才能赢得顾客，获得持续增收的机会。

农产品安全来自于食物安全。食物安全是指在任何时候人人都可以获得安全营养的食物来维持健康能动的生活。农产品质量安全的含义为：食物应当无毒无害，不能对人体造成任何危害，也就是说食物必须保证不致使人患病、患慢性疾病或者具有潜在危害。

（一）农产品范围及其质量安全内涵

农产品范围直接关系到各部门管理职责的定位和管理范围的确定，是一个事关农产品质量安全管到什么程度，管到什么环节的问题。总体上看，对农产品的定义目前是多种多样，说法不一。国内如此，国际也尚无统一定论。按照国际公认和国内普遍认可的观点，农产品是指动物、植物、微生物产品及其初加工品，包括食用和非食用两个方面。但在农产品质量安全管理方面，大家常说的农产品，多指食用农产品，包括鲜活农产品及其直接加工品。

农产品质量安全，通常有3种认识：一是把质量安全作为一个词组，是农产品安全、优质、营养要素的综合，这个概念被现行的国家标准和行业标准所采纳，但与国际通行说法不一致；二是指质量中的安全因素，从广义上讲，质量应当包含安全，之所以叫质量安全，是要在质量的诸因子中突出安全因素，引起人们的关注和重视。这种说法符合目前的工作实际和工作重点；三是指质量和安全的组合，质量是指农产品的外观和内在品质，即农产品的使用价值、商品性能，如营养成分、色香味和口感、加工特性以及包装标识；安全是指农产品的危害因素，如农药残留、兽药残留、重金属污染等对人和动植物以及环境存在的危害与潜在危害。这种说法符合国际通行原则，也是将来管理分类的方向。从3种定义的分析可以看出，农产品质量安全概念是在不断发展变化的，应当说在不同的时期和不同的发展阶段对农产品的质量安全有各自的理解。目的是抓住主要矛盾，解决各个时期和各个阶段面临的突出问题。从发展趋势看，大多是先笼统地抓质量安全，启用第一种概念；进而突出安全，推崇第二种概念；最后在安全问题解决的基础上重点是提高品质，抓好质量，也就是推广第三种概念。总体上讲，生产出既安全又优质的农产品，既是农业生产的根本目的，也是农产品市场消费的基本要求，更是农产品市场竞争的内涵和载体。

（二）农产品质量安全"三品一标"

无公害农产品、绿色食品、有机农产品和农产品地理标志统称"三品一标"。"三品一标"是政府主导的安全优质农产品公共品牌，是当前和今后一个时期农产品生产消费的主导产品。纵观"三品一标"发展历程，虽有其各自产生的背景和发展基础，但都是农业发展进入新阶段的战略选择，是传统农业向现代农业转变的重要标志。

1. 无公害农产品

无公害农产品是指产地环境、生产过程、产品质量符合国家有关和规范要求，经认证合格获得认证证书并允许使用无公害农产品标准标志的直接用作食品的农产品或初加工的农产品。无公害农产品不对人的身体健康造成任何危害，是对农产品的最起码要求，所以无公害食品是指无污染、无毒害、安全的食品。2001年农业部提出"无公害食品行动计划"，并制定了相关国家标准，如《无公害农产品产地环境》《无公害产品安全要求》和具体到每种产品如黄瓜、小麦、水稻等的生产标准。目前我国无公害农产品认证依据的标准是中华人民共和国农业部颁发的农业行业标准（NY5000 系列标准）（图 2 − 3）。

图 2 − 3 无公害农产品标志

2. 绿色食品

绿色食品是指产自优良环境，按照规定的技术规范生产，实行全程质量控制，无污染、安全、优质并使用专用标志的食用农产品及加工品（图 2 − 4）。农业部发布的推荐性农业行业标准（NY/T），是绿色食品生产企业必须遵照执行的标准。它以国际食品法典委员会（CAC）标准为基础，参照发达国家标准制定，总体达到国际先进水平。

图2-4 绿色食品标志

绿色食品标准分为两个技术等级，即 AA 级绿色食品标准和 A 级绿色食品标准。

AA 级绿色食品标准，要求生产地的环境质量符合《绿色食品产地环境质量标准》，生产过程中不使用化学合成的农药、肥料、食品添加剂、饲料添加剂、兽药及有害于环境和人体健康的生产资料，而是通过使用有机肥、种植绿肥、作物轮作、生物或物理方法等技术，培肥土壤、控制病虫草害、保护或提高产品品质，从而保证产品质量符合绿色食品产品标准要求。

A 级绿色食品标准，要求生产地的环境质量符合《绿色食品产地环境质量标准》，生产过程中严格按绿色食品生产资料使用准则和生产操作规程要求，限量使用限定的化学合成生产资料，并积极采用生物学技术和物理方法，保证产品质量符合绿色食品产品标准要求。

3. 有机食品

有机食品是指来自于有机农业生产体系。有机农业：有机农业的概念于 20 世纪 20 年代首先在法国和瑞士提出。从 80 年代起，随着一些国际和国家有机标准的制定，一些发达国家才开始重视有机农业，并鼓励农民从常规农业生产向有机农业生产转换，这时有机农业的概念才开始被广泛接受。尽管有机农业有众多定义，但其内涵是统一的。有机农业是一种完全不用人工合成的肥料、农药、生长调节剂和家畜饲料添加剂的农业生产体系。有机农业的发展可以帮助解决现代农业带来的一系列问题，如严重的土壤侵蚀和土地质量下降，农药和化肥大量使用给环境造成污染和能源的消耗，物种多样性的减少等；还有助于提高农民收入，发展农村经济。据美国的研究报道有机农业成本比常规农业减少40%，而有机农产品的价格比普通食品要高20%~50%。同时有机农业的发展有助于提高农民的就业率，有机农业是一种劳动密集型的农业，需要较多的劳动力。另外，有机农业的发展可以更多地向社会提供纯天然无污染的有机食品，满足人们的需要。

有机食品是目前国标上对无污染天然食品比较统一的提法。有机食品通常来自于有机农业生产体系，根据国际有机农业生产要求和相应的标准生产加工的，通过独立的有机食品认证机构认证的一切农副产品，包括粮食、蔬菜、水果、奶制品、畜禽产品、蜂蜜、水产品等。随着人们环境意识的逐步提高，有机食品所涵盖的范围逐渐扩大，还包括纺织品、皮革、化妆品、家具等。

有机食品需要符合以下标准。

（1）原料来自于有机农业生产体系或野生天然产品。

（2）产品在整个生产加工过程中必须严格遵守有机食品的加工、包装、贮藏、运输要求。

（3）生产者在有机食品的生产、流通过程中有完善的追踪体系和完整的生产、销售的档案。

（4）必须通过独立的有机食品认证机构的认证。

有机食品与其他食品的显著差别在于，有机食品的生产和加

图 2 – 5 有机食品标志

工过程中严格禁止使用农药、化肥、激素等人工合成物质，而一般食品的生产加工则允许有限制地使用这些物质。同时，有机食品还有其基本的质量要求：原料产地无任何污染，生产过程中不使用任何化学合成的农药、肥料、除草剂和生长素等，加工过程中不使用任何化学合成的食品防腐剂、添加剂、人工色素和用有机溶剂提取等，贮藏、运输过程中不能受有害化学物质污染，必须符合国家食品卫生法的要求和食品行业质量标准。

有机食品在不同的语言中有不同的名称，国外最普遍的叫法是 Organic food，在其他语种中也有称生态食品、自然食品等。联合国粮农和世界卫生组织（FAO/WHO）的食品法典委员会（CODEX）将这类称谓各异但内涵实质基本相同的食品统称为"Organic food"，中文译为"有机食品"（图 2 – 5）。

【阅读资料】

种植有机水稻的五大技术要点

有机水稻种植过程中，种子处理、苗床处理、秧田管理、病虫草害防治等方面，都必须符合有机生产的要求。具体来说，种植有机水稻要从以下几个方面入手。

一、选优良种，突出优字。有机水稻的种子，要选择抗逆性好（主要是抗病虫为害）、分蘖力强、偏大穗、富营养、商品性好、优质米，适宜旱育苗、超稀植栽培模式的优良品种，发芽率在95%以上，纯净度99%以上，不能越区种植，保证霜前5~7天充分成熟，做到早中晚合理搭配，充分发挥种子的"种尽其用，地尽其利"的作用。播前进行种子处理，确保一次播种保全苗。

二、抢前抓早，适时早播。当气温稳定在5℃时即可播种，1~2积温带，4月初育苗，3~4积温带，4月15日育苗，4月底之前播完种，不育5月苗，育苗采取大棚旱育或钵体育苗，千方百计培育壮秧。当气温稳定在13℃时，开始插秧，采取超稀植的插秧方式，不插6月秧，提高插秧质量，做到边起秧、边插秧，浅插、插直、插匀、插稀，合理密植，发现缺苗断空地方，进行移苗补栽，确保苗全、苗齐、苗匀、苗壮。

三、合理施肥，保证供应。有机水稻只能施入有机肥，最好施饼肥、鸡粪（但必须腐熟、发酵）等，绝对不能施化肥，施底肥要质优量足，每亩可施300千克发酵好的天耘鸡粪，施入均匀，不能积堆，以免烧苗，追肥要少施多次，主要追施优质农家细肥，最好追施饼肥，根据地力、长势和底肥多少，合理追肥，主要追好分蘖肥、调节肥、穗、粒肥，保证供应水稻生育期对营养元素的需要。

四、洁水灌溉，科学用水。有机水稻必须采取洁水灌溉，绝不能用生活污水、工业用水灌田，应做到单排单灌，在水层管理上，以浅为主，以水增温，以水促控，以气养根，以根保叶，活秆成熟。具体灌水方法：移栽期花达水，返青后2~3厘米水层，有效分蘖前以浅为主，提高地、水温，促进分蘖，有效分蘖结束时，对生长繁茂地块，立即排水晒田，7～10天，控制无效分蘖，晒田程度达到田面发白，地面有裂纹，池面见白根，叶色褪淡挺直，促进根系发育。排水晒田后，采取干、湿、干的间歇灌溉，以根保叶，养根保蘖。后期如遇到夜间气温低于17℃，采取深水护胎，水层15厘米左右，这是防御障碍型低温冷害的有效措施。黄熟期停水。

五、综合防治，抗灾丰收。有机食品水稻不能使用化学农药除草和防治病虫害，进行人工除草，可疏松土壤，增强通透性，地净苗清，促进根系发育，防治病虫害主要采取生物和物理措施，例如稻田养鸭等，搞好预测预报，一旦发生，立即防治。

4. 无公害农产品、绿色食品、有机食品主要异同点比较

我国是幅员辽阔，经济发展不平衡的农业大国，在全面建设小康社会的新阶段，健全农产品质量安全管理体系，提高农产品质量安全水平，增强农产品国际竞争力，是农业和农村经济发展的一个中心任务。为此，经国务院批准农业部确立了"无公害食品、绿色食品、有机食品三位一体，整体推进"的发展战略。因此，有机食品、绿色食品、无公害食品都是农产品质量安全工作的有机组成部分。无公害农产品发展始于21世纪初，是在适应入世和保障公众食品安全的大背景下推出的，农业部为此在全国启动实施了"无公害食品行动计划"；绿色食品产生于20世纪90年代初期，是在发展高产优质高效农业大背景下推动起来的；而有机食品又是国际有机农业宣传和辐射带动的结果。农产品地理标志则是借鉴欧洲发达国家的经验，为推进地域特色优势农产品产业发展的重要措施。有机食品、绿色食品、无公害农产品主要异同点比较见表2-1。

表2-1　无公害农产品、绿色食品、有机食品主要异同点比较

		无公害农产品	绿色食品	有机食品
相同点		1. 都是以食品质量安全为基本目标，强调食品生产"从土地到餐桌"的全程控制，都属于安全农产品范畴 2. 都有明确的概念界定和产地环境标准，生产技术标准以及产品质量标准和包装、标签、运输贮藏标准 3. 都必须经过权威机构认证并实行标志管理		
不同点	投入物方面	严格按规定使用农业投入品，禁止使用国家禁用、淘汰的农业投入品	允许使用限定的化学合成生产资料，对使用数量、使用次数有一定限制	不用人工合成的化肥、农药、生长调节剂和饲料添加剂
	基因工程方面	无限制	不准使用转基因技术	禁止使用转基因种子、种苗及一切基因工程技术和产品
	生产体系方面	与常规农业生产体系基本相同，也没有转换期的要求	可以沿用常规农业生产体系，没有转换期的要求	要求建立有机农业生产技术支撑体系，并且从常规农业到有机农业通常需要2～3年的转换期
	品质口味	口味、营养成分与常规食品基本无差别	口味、营养成分稍好于常规食品	大多数有机食品口味好、营养成分全面、干物质含量高
	有害物质残留	农药等有害物质允许残留量与常规食品国家标准要求基本相同，但更强调安全指标	大多数有害物质允许残留量与常规食品国家标准要求基本相同，但有部分指标严于常规食品国家标准，如绿色食品黄瓜标准要求敌敌畏 ≤ 0.1mg/kg，常规黄瓜国家标准要求敌敌畏 ≤ 0.2mg/kg	无化学农药残留（低于仪器的检出限）。实际上外环境的影响不可避免，如果有机食品中农药的残留量不超过常规食品国家标准允许含量的5%，可视为符合有机食品标准
	认证方面	省级农业行政主管部门负责组织实施本辖区内无公害农产品产地的认定工作，属于政府行为，将来有可能成为强制性认证	属于自愿性认证，只有中国绿色食品发展中心一家认证机构	属于自愿性认证，有多家认证机构（需经国家认监委批准），国家环保总局为行业主管部门
	证书有效期	3 年	3 年	1 年

5. 农产品地理标志

农产品地理标志是指标识农产品来源于特定地域，产品品质和相关特征主要取决于自然生态环境和历史人文因素，并以地域名称冠名的特有农产品标志。2007 年 12 月农业部发布了《农产品地理标志管理办法》，农业部负责全国农产品地理标志的登记工作，农业部农产品质量安全中心负责农产品地理标志登记的审查和专家评审工作。

（三）农产品质量安全总体要求

1. 产地环境管理要求

农产品产地环境对农产品质量安全具有直接、重大的影响。近年来，因为农产品产地的土壤、大气、水体被污染而严重影响农产品质量安全的问题时有发生。抓好农产品产地管理，是保障农产品质量安全的前提。农产品质量安全法规定，县级以上政府应当加强农产品产地管理，改善农产品生产条件。禁止违反法律、法规的规定向农产品产地排放或者倾倒废水、废气、固体废物或者其他有毒有害物质；禁止在有毒有害物质超过规定标准的区域生产、捕捞、采集农产品和建立农产品生产基地。县级以上地方政府农业主管部门按照保障农产品质量安全的要求，根据农产品品种特性和生产区域大气、土壤、水体中有毒有害物质状况等因素，认为不适宜特定农产品生产的，应当提出禁止生产的区域，报本级政府批准后公布执行。

2. 农业投入品管理要求

要按照《农药管理条例》《兽药管理条例》《饲料及饲料添加剂管理条例》《中华人民共和国种子法》等法律法规，健全农业投入品市场准入制度，引导农业投入品的结构调整与优化，逐步淘汰高残毒农业投入品，发展高效低残毒产品。要建立农业投入品监测、禁用、限用制度，加强对农业投入品的市场监管，严厉打击制售和使用假冒伪劣农业投入品的行为。重点是加强对甲胺磷、对硫磷、甲基对硫磷、久效磷和磷胺5种高毒有机磷农药禁止销售和使用的工作。

3. 标准化生产要求

农业标准化是指运用"统一、简化、协调、优选"的原则，对农业生产产前、产中、产后全过程，通过制定标准和实施标准，促进先进的农业科技成果和经验较快地得到推广应用。按标准组织生产是规范生产经营行为的重要措施，是工业化理念指导农业的重要手段，是确保农产品质量安全的根本之策。农业标准化生产基地是指基地环境符合有关标准要求，在生产过程中严格按现行标准进行标准化管理的农业生产基地。标准化基地是标准化建设的重要内容，是在农业生产环节实践农业标准的主要手段，也是从源头解决农产品质量安全问题的重要措施。具体要求有：农产品生产者应当按照法律、行政法规和国务院农业行政主管部门的规定，合理使用农业投入品，严格执行农业投入品使用安全间隔期或者休药期的规定；农产品生产企业、农民专业合作经济组织应当建立农产品生产记录，禁止伪造农产品生产记录。

4. 农产品包装和标识要求

农产品质量安全法对农产品的包装和标识要求逐步建立农产品的包装和标识制度，对于方便消费者识别农产品质量安全状况，对于逐步建立农产品质量安全追溯制度，都具有重要作用。农产品质量安全法对于农产品包装和标识的规定主要包括：①对国务院农业主管部门规定在销售时应当包装和附加标识的农产品，农产品生产企业、农民专业合作经济组织以及从事农产品收购的单位或者个人，应当按照规定包装或者附加标识后方可销售；属于农业转基因生物的农产品，应当按照农业转基因生物安全管理的规定进行标识。依法需要实施检疫的动植物及其产品，应当附具检疫合格的标志、证明。②农产品在包装、保鲜、贮存、运输中使用的保鲜剂、防腐剂和添加剂等材料，应当符合国家有关强制性的技术规范。③销售的农产品符合农产品质量安全标准的，生产者可以申请使用无公害农产品标识；农产品质量符合国家规定的有关优质农产品标准的，生产者可以申请使用相应的农产品质量标志。

5. 农产品质量安全监督检查制度要求

依法实施对农产品质量安全状况的监督检查，是防止不符合农产品质量安全标准的产品流入市场、进入消费，危害人民群众健康、安全后果的必要措施，是农产品质量安全监管部门必须履行的法定职责。农产品质量安全法规定的农产品质量安全监督检查制度的主要内容如下。

（1）县级以上政府农业主管部门应当制定并组织实施农产品质量安全监测计划，对生产中或者市场上销售的农产品进行监督抽查，监督抽查结果由省级以上政府农业主管部门予以公告，以保证公众对农产品质量安全状况的知情权。

（2）监督抽查检测应当委托具有相应的检测条件和能力的检测机构承担，并不得向被抽查人收取费用。被抽查人对监督抽查结果有异议的，可以申请复检。

（3）县级以上农业主管部门可以对生产、销售的农产品进行现场检查，查阅、复制与农产品质量安全有关的记录和其他资料，调查了解有关情况。对经检测不符合农产品质量安全标准的农产品，有权查封、扣押。

（4）对检查发现的不符合农产品质量安全标准的产品，责令停止销售、进行无害化处理或者予以监督销毁；对责任者依法给予没收违法所得、罚款等行政处罚；对构成犯罪的，由司法机关依法追究刑事责任。

【阅读资料】

农业部2016年农产品质量安全工作要点

围绕千方百计提升农产品质量安全水平这个目标，守住努力确保不发生重大农产品质量安全事件这个底线，坚持执法监管和标准化生产"两手抓""两手硬"，推进监管能力和制度机制建设，切实保障农产品消费安全。

一、深化国家农产品质量安全县创建

授牌。去年农业部按照国务院食品安全委员会的统一部署，经过县创、省评、部公布征询意见，确定了107个县（市）作为创建试点单位。创建试点期限为两年，准备在下半年组织各省厅对试点县进行全面核查，核查后农业部还将选择部分省市组织抽查。核查、抽查符合要求的，命名为"国家农产品质量安全县"，并将在成都"两个创建"现场会进行授牌。

扩大。根据各地试点情况，今年农业部将进一步修改完善创建活动方案、考核要求和管理办法，在此基础上再确定200个县作为创建试点单位。

提升。各省要督促指导试点县落实属地管理责任，加大投入力度，实施全程监管，创新制度机制，提高监管能力和水平，真正做到"五化"（生产标准化、发展绿色化、经营规模化、产品品牌化、监管法制化），实现"五个率先"（率先实现网络化监管体系全建立、率先实现规模基地标准化生产全覆盖、率先实现从田头到市场到餐桌的全链条监管、率先实现主要农产品质量全程可追溯、率先实现生产经营主体诚信档案全建立），确保质量安全县的名字叫得响、过得硬、上水平。

二、加强农产品质量安全执法监管

在专项整治方面，农业部将组织安排以下4个专项行动。

禁限用农药整治，主要聚焦豇豆、芹菜、韭菜、菜心等，重点解决克百威、氧乐果等限用农药超标问题，规范农药经营和使用。

兽用抗菌药整治，重点解决养殖户滥用抗生素问题，包括超剂量超范围使用、不执行休药期等，严厉打击在禽类养殖上非法使用金刚烷胺、利巴韦林等禁用药物行为。

"三鱼两药"整治，会同食品药品监管等部门开展养殖、运输、销售、餐饮全过程的治理行动，重点解决鳜鱼、大菱鲆和乌鳢非法使用孔雀石绿和硝基呋喃的问题。

农资打假专项治理，会同八部门开展联合行动，突出假农药、假兽药、假化肥，加大对地下"黑窝点"的清查治理，严厉打击无证生产经营、制假售假等违法违规行为。

三、加快推进追溯管理

农业部今年将建设完成国家农产品质量安全追溯信息平台，这是个扁平高效、互联互通、可供部省市县共用共享的大平台。这个平台，对外面向生产者和消费者，可以上传和查询农产品追溯信息，主要功能是追溯责任主体；对内面向监管者，可以将监管、执法、检测、预警、信用等信息纳入其中，以此全面推进监管信息化、智能化，提高监管效率。近期将印发一个追溯体系建设的指导意见，出台追溯暂行管理办法，制定相应的追溯标准及编码规则。

四、强化风险监测预警和应急处置

在例行监测上，制定全国统一的农产品质量安全监测计划，统一分析会商和综合研判，统一发布监测结果。建立省级监测信息上报制度。

在风险评估上，抓紧出台风险评估管理办法和工作指南，制定风险评估5年工作规划，锁定突出问题隐患开展跟踪评估，提出标准制修订建议，制定相应的管控技术路线。

在应急处置上，今年农业部将继续加大舆情监测力度，健全舆情应对机制，开展应急培训，组织专家对近年来媒体炒作的问题进行系统梳理，编写相应的科普解读文章，主动回应社会关切。

五、大力推进农业标准化

在完善标准体系上，突出一个"快"字。农业部重点是"两药"残留标准。农药残留标准要落实好5年工作方案，每年要新制定1 000项。兽药残留标准要加快制修订步伐，每年新制定100项。

面上抓标准化生产技术的推广，切实发挥好农技、畜牧、水产等技术推广部门的作用，抓好标准化生产技术的宣传、培训和指导，推动规模以上生产经营主体落实生产记录、休药期制度，鼓励农产品质量安全县、现代农业示范区以及有条件的"菜篮子"大县整建制推进。

点上抓"三园两场"，扩大创建规模，发挥示范引领作用，带动广大农户实施按标生产。

产品上抓"三品一标"，发挥好"三品一标"的品牌优势、制度优势、体系优势，特别是在推动绿色生产、引领健康消费上能够有更大的作为，用品牌化带动农业标准化。

在政策扶持上，关键是调动生产者的积极性，一方面推动标准化补贴制度的建立，力争有所突破；另一方面发挥市场杠杆作用，推动形成优质优价机制。

六、加强基层监管能力建设

在监管体系上，农业部将制定农产品质量安全执法监管行为规范，进一步明确责任分工，健全绩效考评和责任追究机制，加强督促检查，推动落实监管职责。

在质检体系上，从3个方面加强：首先要加快质检体系建设项目建设步伐，尽快完成项目的验收；其次要加快资质认定和考核，落实人员和运转经费，近期农业部将联合认监委下发一个意见，指导和推动农产品质检机构认证考核工作；再次要加强岗位练兵和技术培训，尽快提高检测能力和水平，今年将启动"农产品质量安全检测员"职业资格考核，并组织开展第三届基层检测技术人员大比武活动。

在制度机制上，今年将重点推进《农产品质量安全法》及农药、畜禽屠宰条例的修订工作，纳入国务院法制办立法计划，建立与市场准入制度相衔接的食用农产品合格证制度，形成有效倒逼机制，强化生产经营主体责任。

在"十三五"建设上，目前农业部正在编制《全国农产品质量安全提升规划》，筹划启动"十三五"农产品质量安全保障工程，强化各级农产品质量安全监管设施装备，整体提升基层监管能力。

【案例】

一位职业"女农民"的现代农业"生态经"

别人种田都除草，但在济南正庄农业园区，这里的工人却使着劲种草。

在数个冬暖大棚里，种在樱桃树下的大量岩垂草正在越冬。"种草是为了吸引有益昆虫居住，让这些昆虫成为园区内果树病虫害的生态克星。"自称职业"女农民"的正庄农业总经理王妍说。2012 年 10 月，正庄农业在济南唐王镇岳家寨村成立，从未直接和农业打过交道的王妍及几位合伙人从周边村庄流转 1 000 亩土地，3 年累计投入 5 000 多万元发展现代农业。

3 年的探索，园区在果品研发和种植技术上已颇有建树，唐贵妃梨、玖红苹果等高端水果已逐渐打开市场。但已在国内外考察多时的王妍却又有了新想法：如何将整个农业园区建设成一套完整的生态系统？

"十三五"规划建议提出，要大力推进农业现代化。王妍认为，发展现代农业不代表不要生态，要避免这一点，离不开科技的支撑。

在此之前，品种、栽培技术、施肥配方、物联网技术应用是支撑正庄现代农业的四大支柱，然而这四大支柱虽然是现代农业的典型特征，但之间尚未形成生态循环的链条。

开始关注建设生态系统之后，正庄发展现代农业的理念发生了微妙变化，生态"三生"系统应运而生，包括植物生、动物生和微生物生，三者构成了生态建设的基础部分。

种草是植物生、动物生的一个代表。

"以前除草是用打草的方式，不用除草剂，看似生态，但仍然破坏了生物之间的关系。"王妍说，打了草，赖以生存的昆虫无家可归。如七星瓢虫吃蚜虫，将草割掉，破坏了七星瓢虫繁衍后代的环境，蚜虫病就可能严重。

目前，包括岩垂草在内，正庄农业种了两种草，共100多亩。明年春天会继续种，覆盖园区600多亩核心区，计划用3年时间培养有益昆虫群。

记者看到，在园区的一些地头上摆放着昆虫捕捉器。据工作人员介绍，他们会将捕捉器中一年的昆虫数量进行对比，看比例和总量上发生哪些变化，来判断生态昆虫间的平衡性。

不仅如此，在园区的田地里，还养殖着大量的蚯蚓，蚯蚓通过不断地纵横钻洞和吞土排粪等生命活动，改变土壤的物理和化学性质，使板结贫瘠的土壤变得疏松多孔、通气透水、保墒肥沃。

打造现代生态农业需要科技支撑。王妍认为，眼光不能只局限在国内，而要向世界一流水平看齐。

今年10月，正庄农业在科技上开始与荷兰瓦赫宁根大学应用植物学研究所展开合作，后者拥有全世界领先的果树栽培、生态防治、新品种研发技术。

荷兰大部分果农都是采用生物防治，不仅是管理果实，而且是将果园作为一个生态系统进行管理。王妍介绍说，这是她到当地考察后对现代农业感受的最大不同。

虽然荷兰土地有限，却是农业出口大国，原因就在于荷兰把有限的土地通过高科技品种优选，提高了亩产，降低了成本。中国的人均耕地比荷兰还多，如果能掌握相通的技术，前景不可限量。

和瓦赫宁根大学的合作目前处于项目研发期，也就是引进的先进植物栽培、生态病虫害保护、增产等手段先在正庄园区做实验，成功后再选择最适合国内土壤气候的模式，推而广之。

不仅如此，今年11月正庄农业成立了山东首家生态农业院士合作站，以中国工程院院士李文华及其技术团队为依托，在正庄做实验，构建生态现代农业的模式。

"正庄每年300万元投入到科技研发和生态建设。"王妍认为，这不算多。

尽管正庄在探索生态现代农业方面表现积极，但在市场面前仍然表现得很无奈。王妍说，模仿正庄产品的假冒伪劣很多，抄了正品的后路，更可能危害到食品安全，新农人面对无序市场很无奈。

为了破解这一难题，正庄今年开始着眼"互联网＋农业"，与济南蔬菜集团合作，将其优质的冷库、集散点、物流配送资产利用起来，正庄能提供标准化的产业基地，这样就实现了产品从基地到餐桌的直销，不仅降低了产品价格，质量安全还得到了保障。

王妍呼吁，不能让企业包打天下，如品种保护、市场秩序规范等问题，如果这些都不能很好地解决，将严重制约科研成果转化为生产力的积极性。

（日期：2015－12－22　来源：新华网　刘宝森　高洁）

（四）影响农产品质量安全的因素

1. 生产环境的污染

生产环境污染主要来源于产地环境的土壤、空气和水。农产品在生产过程中造成污染主要表现为过量使用农药、兽药、添加剂和违禁药物造成的有毒有害物质残留超标。

2. 遭受有害生物入侵的污染

指农产品在种（养）殖过程中遭受致病性细菌、病毒和毒素入侵的污染。

3. 人为因素导致的污染

农产品收获或加工过程中混入有毒有害物质，导致农产品受到污染。

（五）化肥农药的识别和使用

1. 化肥的识别和使用

（1）如何识别合格化肥。包装检查：国家规定包装袋上应标示商标、肥料名称、生产厂家、肥料成分（注明氮、磷、钾含量及加入微量元素含量）、产品净重及标准代号，每批出厂的产品均应附有质量证明书。过磷酸钙有散装产品，但也需附有出厂证明。

外观检验：化肥绝大多数为固体，只有氨水、液体铵是液体。可以观察化肥着色及结晶形状，如氨肥、钾肥一般是白色或淡黄色结晶；硝酸铵、碳酸氢铵吸湿性强，容易结块；磷肥呈粉末状。当化肥呈现融化瘫软，由结晶体变成了粉末状，可能是由于过水或淋湿；化肥呈现坚硬大块，或色泽变黄、发黑，则是存放日久，有失效的可能。

（2）化肥的使用。化肥的使用应注意：酸性肥料和碱性肥料不能混施，易发生化学反应；化肥应放在阴凉干燥处，密封；有机肥料使用较好，能够改善土壤，但肥率较慢、较长；无机肥料，过度使用，会使土壤板结，使土壤碱性增强，形成盐碱地；河水中氮、钾等肥料增高，富营养化，植物生长，吸收水中的氧会使水中氧减少。水中动植物营养丰富，如藻类大面积繁殖，会导致鱼类动物大量死亡。化学肥料多易溶于水，施入土壤或喷施叶面，即能被作物吸收，肥效快，但不持久；未腐熟的农家肥和饼肥不宜直接使用；氮肥不宜多施于豆科作物上；不宜不分作物品种和生育期滥施肥料，不同作物、不同生育期的作物对肥料的品种和数量有不同的需求，不分作物及时期施肥只会适得其反。

2. 农药的识别和使用

（1）如何识别合格农药。外包装检查：根据国家标准 GB 3796—1983《农药包装通则》规定，农药的外包装应采用带防潮层的瓦楞纸板。外包装容器要有标签，在标签上标明品名、类别、规格、毛重、净重、生产日期、批号、贮运指示标志、毒性标志、生产厂名。在最下方还应有一条与底边平行的着色标示条，标明农药的类别。

内包装检查：农药制剂内包装上必须牢固粘贴标签或直接印刷，标示在小包装上。标签内容应包括：品名、规格、剂型、有效成分（用我国农药通用名称，用重量百分含量表明有效成分含量）、农药登记证号、产品标准代号、准产证号、净重或净体积、适用范围、使用方法、施用禁忌、中毒症状和急救、药害、安全间隔期、贮存要求等。还应标示毒性标志和农药类别标志，以及生产日期和批号。

保质期检查：农药的保质期一般为两年。过期农药要经过质量监督部门对有效成分进行含量分析测定，药效、药害试验证明只有药效降低，无其他毒副作用才可降价处理，使用时加大剂量。如已变质失效，决不准再销售使用。

（2）农药的使用。在农业生产过程中，离不开农药的使用。但农药使用不当，不仅达不到预期的效果，有时甚至会产生药害，给生产造成极大的损失。根据农药种类、特点、剂型、病虫发生时期，作物种类，选择适宜药剂科学施用，能提高农药的使用效果，减少用量和残留，确保使用安全。

四、品牌效应意识

在农产品消费市场日趋细分，人们对食品安全问题越来越重视的今天，消费者对品牌的认同和依赖感越来越强。没有品牌的农产品即使质量再好，也难以卖出好价钱。因此，新型职业农民提升品牌效应意识非常重要。

1. 品牌定义

农产品品牌是附着在农产品上的某些独特的标记符号，代表了品牌拥有者与消费者之间的关系性契约，向消费者传达农产品信息集合和承诺。广义农产品品牌由质量标志、种质标志、集体标志和狭义品牌构成。狭义农产品品牌是指农业生产者申请注册的产品、服务标志。而商标指的是符号性的识别标记。品牌所涵盖的领域，必须包括商誉、产品、企业文化以及整体营运的管理，品牌不单包括"名称""徽标"，还扩及系列的平面视觉识别系统，甚至立体视觉识别系统，它不是单薄的象征，而是一个企业竞争力的总和。品牌最持久的含义和实质是其价值、文化和个性；品牌是企业长期努力经营的结果，代表企业的无形资产。品牌由农产品生产经营企业创立，依靠知识产权保护和市场化运作发生作用，在国内外农产品市场上逐渐成为竞争的主旋律。为了在国内外市场上提升农产品的竞争力，实施农产品品牌战略是现代农业发展的必然选择。

品牌对消费者的价值主要体现为：品牌是存在于心目中的一种形象，这种形象来自对商品或服务的各种感知；品牌对生产者的价值：因为消费者的优先选择和持续选择，可以使生产者降低产品推介成本，增加利润，促进企业或农户永续发展；品牌对于地方政府的价值则体现为地区名片，能够辐射带动区域发展和农村振兴，提升地区竞争力和国际化水平。

【案例】

崛起于华北平原的蛋种鸡企业

"中国蛋鸡哪家强，河北邯郸有华裕"。华裕农业科技有限公司从蛋种鸡养殖起家，经过多年的产业化经营，一跃成为现今国内最大的民营蛋种鸡企业。公司先后触及蛋品加工、蔬菜种植、蔬菜加工、饲料生产、粮食收购、有机肥生产等产业，贯通了农业上下游链条，建立了种、养、加工有机结合的循环经济模式。华裕品牌也慢慢从河北叫响全国，成为中国驰名商标，发展成为农业产业化国家级重点龙头企业、中国畜牧业协会副会长单位、中国畜牧业协会禽业分会会长单位。2016 年，还被河北省农业厅授予"首届河北十大农产品企业品牌"殊荣。

2. 农产品品牌形成的基础

农产品是人类赖以生存的主要商品，也是质量隐蔽性很强的商品，需要利用品牌进行产品质量特征的集中表达和保护。农产品品牌战略是通过品牌实力的积累，塑造良好的品牌形象，从而建立顾客忠诚度，形成品牌优势，再通过品牌优势的维持与强化，最终实现创立农产品品牌与发展品牌。

（1）品种不同。不同的农产品品种，其品质有很大差异，主要表现在营养、色泽、风味、香气、外观和口感上，这些直接影响消费者的需求偏好。品种间这种差异越大，就越容易使品种以品牌的形式进入市场并得到消费者认可。

（2）生产区域不同。"橘生淮南则为橘，生于淮北则为枳。"

许多农产品即使种类相同，其产地不同也会形成不同特色，因为农产品的生产有最佳的区域。不同区域的地理环境、土质、温湿度、日照、土壤、气候、灌溉水质等条件的差异，都直接影响农产品品质的形成。

（3）生产方式不同。不同农产品的来源和生产方式也影响农产品的品质。野生动物和人工饲养的动物在品质、营养、口味等方面就有很大的差异；自然放养和圈养的品质差别也很大；灌溉、修剪、嫁接、生物激素等的应用，也会造成农产品品质的差异。采用有机农业方式生产的农产品品质比较好，而采用无机农业生产方式生产的农产品品质较差。

3. 农产品品牌建设

农产品品牌建设是一项系统工程，一般要注重以下几个方面。

（1）农产品品牌建设内容主要包括质量满意度、价格适中度、信誉联想度和产品知名度等。质量满意度主要包括质量标志、集体标志、外观形象和口感等要素。价格适中度主要包括定价适中度、调价适中度等。信誉联想度包括信用度、联想度、企业责任感、企业家形象等要素。产品知名度则体现为提及知名度、未提及知名度、市场占有率等。

（2）农产品品牌建设是一个长期、全方位努力的过程，一般包括规划、创立、培育和扩张4个环节。品牌规划主要是通过经营环境的分析，确定产品选择，明确目标市场和品牌定位，制定品牌建设目标。品牌创立主要包括品牌识别系统设计、品牌注册、品牌产品上市和品牌文化内涵的确定等。品牌培育主要内容包括质量满意度、价格适中度、信誉联想度和产品知名度的提升。品牌扩张包括品牌保护、品牌延伸、品牌连锁经营和品牌国际化等。

【案例】

农业品牌推进年

在推进农业供给侧结构性改革的大背景下，2017年中央一号文件将公用品牌建设提升到前所未有的高度。农业部将2017年确定为农业品牌推进年。

对于农业主管部门来说，今年的品牌农业建设工作重点不少。

上海市金山区农委副主任顾宝根分管品牌工作多年，他介绍，金山区区域公用品牌建设今年着重围绕品种选育、品质提升、品牌管理、品牌宣传、品牌销售做工作。今年制定金山区有机农业发展规划，真正在品牌发展上从优质向高品质发展。品牌管理着重从品牌使用者的技术要求管理和准入、退出的机制制度管理上下功夫，让使用者从思想、观念上形成维护品牌的自觉行为。品牌销售今年着重建设金山品牌农产品采、供平台，形成集聚优势，通过金山已有知名农产品品牌带动其他区域公用品牌农产品的销售。

"'丽水山耕'是国内首个地市级覆盖全区域、全品类、全产业链的区域公用品牌，品牌溢价效果非常显著。"浙江省丽水市农业投资发展有限公司总经理徐炳东表示，今年将以消费与市场为导向，实施以下工作。引进第三方认证体系，完善产品准入准出机制，加强文创；加强品牌宣传，建设物流配送体系，打造电商、店商、微商"三商融合"营销体系；设立丽水市生态农业产业基金及探索供应链金融服务，加大对农产品供应链中产前、产中、前后的金融扶持；推进产学研合作，以农业科技成果路演、农业科技众创空间等形式，建立农业科技成果的转化与孵化体系。

2016年，四川省成都市农业发展投资公司设立全资子公司——天府源品牌营销有限公司，负责对市级公用品牌"天府源"进行全力打造。"2017年是'天府源'品牌运营的关键之年"，成都天府源品牌营销公司总经理袁江介绍，将从6个方面发力，分别是完善品牌顶层设计与战略规划；打造重点产品，建立品牌体系；构建追溯体系，筑牢品牌后盾；整合推介资源，扩大宣传引导；拓展市场渠道，探索新型运营模式；深入整合资源，推动品牌联动。

北京市密云区农民专业合作社服务中心主要负责人表示，今年将主要通过3项举措推进"密云农业"品牌建设：依托微信平台、网站、电视台等，大力宣传"密云农业"品牌、拓宽农产品销售渠道；组织基层合作社参加大型推介会，强化密云农产品市场体系建设，带动基层合作社品牌发展，提升"密云农业"品牌的市场影响力，增强竞争力；组织万名市民进园区活动，充分利用有限资金发挥更大作用。

陕西省洛川县苹果营销办公室主任屈春民介绍，今年主要构建"洛川苹果"品牌质量安全标准体系、品牌营销网络体系、品牌危机管理机制。制定出台全产业链的系列标准，使洛川苹果从产、贮、加、销各个环节有标可依、以标生产，标准化水平不断提高。成立苹果农资品监管机构——农安办，严格农业投入品的市场准入，实现从田间到餐桌的全程质量安全可追溯。支持能力较强的企业、合作社在北、上、广等主销城市与当地运营商合作，建立洛川苹果连锁销售网点。以"一路一带"建设为契机，支持洛川苹果龙头企业开拓国外市场，提高洛川苹果出口量。

"要积极塑造花乡沭阳对外形象，发展花卉园艺标准化生产基地，要扩大华冲番茄、吴集白萝卜、北丁集杏鲍菇、刘集杂交籼米等生产规模，加大宣传力度，增加影响力。"江苏省沭阳县农委主任司绪中说。沭阳是传统农业大县，近年来，该县围绕花木、粮食、板材等地方特色产品，大力支持企业积极创建省级以上农产品品牌，同时加快申请地理标志产品商标。"我们要积极申报更多有机食品和无公害农产品，提高市场竞争力。"司绪中信心满满。

"'西峡香菇'闻名中外，目前，全县香菇综合效益突破60亿元，农民纯收入的60%来自香菇产业。"河南省西峡县食用菌生产办公室主任陈东旭很自豪，"今年继续扎实落实'生产基地标准化、化学投入品控制、质量安全追溯监控、预警纠偏及评估控制、重大突发事件控制、企业质量安全诚信控制、宣传和培训控制'七大体系，提高香菇质量安全管理水平，使西峡香菇真正达到绿色、有机。"

内蒙古自治区阿荣旗副旗长王建明表示，今年将在全旗层面整合品牌建设的资源和力量，成立阿荣旗生态放心农产品协会，依托协会的品牌运作、产品营销及服务，形成产地－流通－市场的全方位服务体系，加强自身能力建设和各类人才的培养，建立一支强有力的品牌农产品生产加工营销队伍。并通过所有农产品的推介活动、品牌推广宣传活动，不断加大阿荣旗生态放心农产品区域公用品牌的宣传，扩大品牌影响力，增加辐射度。

（来源：中国农业新闻网－农民日报）

五、产业化经营意识

（一）农业产业化经营内涵

农业产业化经营其实质就是用管理现代工业的办法来组织现代农业的生产和经营。农业产业化经营是指以国内外市场为导向，以提高经济效益为中心，对当地农业的支柱产业和主导产品实行区域化布局、专业化生产、一体化经营、社会化服务、企业化管理，把产供销、贸工农、经科教紧密结合起来，形成一条龙的经营体制。

农业产业化经营主要包括3个方面：一是形成横向一体化经营，变弱小而分散的农户为一定规模的农业组织，降低生产成本和交易成本，提升农业生产者的市场地位；二是形成纵向一体化经营，改变农民单纯的生产初级原料的角色，以动植物生产为中心，向相关产业的下游进行延伸，鼓励进行深加工，提高收益水平和增加农民的可支配收入；三是实现农业生产经营的工厂化（图2-6），克服农业自身的特点，强化对农业生产的人工控制，提高生产的稳定性和抗自然灾害的能力。

图2-6 农业生产经营工厂化

（二）农业产业化经营模式

1. "龙头"企业带动型经营模式

"龙头"企业带动型经营模式，即公司+基地+农户模式。以公司或集团企业为主导，以农产品加工、运销企业为"龙头"，重点围绕一种或几种产品的生产、加工、销售，与生产基地和农户实行有机的联合，进行一体化经营，形成"风险共担，利益共享"的经济共同体。在实际运行中，公司企业联基地，基地联农户，进行专业协作。这种形式在种植业、养殖业特别是外向型创汇农业中最为流行，各地都有比较普遍的发展。

2. 市场带动型经营模式

市场带动型经营模式，即专业市场＋基地农户的模式。是指以一个专业批发市场为主与几个基地收购市场组成的市场群体，其中，区域性专业批发市场应具有较完备的软硬件服务设施和措施，并且具有较大的带动力，以带动周围大批农民从事农产品商品生产和中介贩卖活动，形成一个规模较大的农产品商品生产基地和几个基地收购市场，使区域性专业批发市场不仅成为基地农产品集散中心，而且成为本省乃至全国范围的农产品集散地。

3. 中介组织带动型经营模式

中介组织带动型经营模式，即"农产联"＋企业＋农户的模式。它是指以中介组织为依托，在某一产品的再生产全过程的各个环节上，实行跨区域联合经营，逐步建成以占领国际市场为目标，企业竞争力强，经营规模大，生产要素大跨度优化组合，生产、加工、销售相联结的一体化经营企业集团。这种类型的中介组织主要是行业协会，尤以"山东省农产品生产加工销售联席会议"（"农产联"）为典型代表。

4. 综合开发集团带动型经营模式

农业综合开发集团带动型经营模式，是指一些企业集团根据市场需要，发展某种支柱产业项目，并转包给农民，按照合同规定，实行统一品种、统一技术措施、统一收获期、统一收购、统一加工销售等，开发集团为农户提供全方位的服务，承包农户与综合开发集团形成利益共同体的一种产业化经营模式。

5. 主导产业带动型经营模式

主导产业带动型经营模式，是指从利用当地资源、发展特色产业和产品入手，多种经营起步，走产业化经营之路，发展一乡一业、一村一品，逐步扩大经营规模，提高产品档次，组织产业群、产业链，形成区域性主导产业和拳头产品的模式。

【案例】

一村一品一乡一业　农民发家致富好路子

全面推进"一村一品，一乡一业"，是贯彻落实习近平总书记关于"两个明显优势"科学判断的具体实践，是发展现代农业、增强农业竞争力的重要抓手，是促进农民增收、培养新型农民的重要手段。

1. 南家峁村：栽桑养蚕"富"起来

正值春耕时节，陕西省延安市子长县蚕桑开发中心技术人员和往年一样深入田间地头来到涧峪岔镇南家峁村村民们家中，与他们谈论今年栽桑养蚕的发展计划。见到笔者到来，村民们纷纷谈起栽桑养蚕所带来的实惠："不仅手把手教，桑苗还免费送，政府政策就是好。"

栽桑养蚕，脱贫致富。"南家峁村历来就有栽桑养蚕的传统，依托当地优良生态特色资源和产业优势，重点发展桑蚕产业是当地群众脱贫致富的主抓手。"涧峪岔镇镇长宜佳佳告诉笔者，涧峪岔镇积极响应县委、县政府决策部署，在继续实施山地苹果为主导产业的提升基础上，开展特色农业、产业、创业致富计划，以市场需求为导向，发展"一村一品，一乡一业"特色经济，实现农村产业由"输血功能"向"造血功能"的转化，推动农民脱贫致富、实现可持续发展，加快群众生活富裕奔小康的步伐。

"去年我的蚕茧每斤卖了24元，一共挣了34 520元，现在腰包也鼓了起来，大家都开玩笑叫我郭老板，这多亏了政府和蚕桑中心的大力扶持啊。今年，我打算再利用这土地流转的好政策，给自己多增几亩桑园，让我的日子越过越红火。"今年58岁的涧峪岔镇南家峁村村民郭光金高兴地给笔者晒起了自己的养蚕账。

南家峁村，全村 246 座养蚕大棚，其中标准温室蚕棚 158 座，7 500 亩桑园，年养蚕约 5 300 张，仅蚕茧一年收入可达 230 多万元，蚕桑副产品加工、桑枝食用菌、蚕沙保健枕等全村全年蚕桑产业收入 460 多万元，全村人均收入达 8 000 多元，相比以前翻了将近 4 番。

"我们免费指导和帮助群众修剪、嫁接改良桑园，免费给群众提供蚕种、蚕药、化肥，配备大棚配套设施（方格簇、蚕盘、喷雾器等），蚕种都是免费共育二眠起后才分发给农户来饲养，这大大降低了养殖风险。蚕茧的收购价格也是在省上定价的基础上上浮 2 元左右，充分保护了种桑养蚕户的利益，让大家无后顾之忧。"该县蚕桑中心主任温建如说。

种桑养蚕不仅投资小，而且周期短、见效快。目前，子长县蚕桑副产品深加工，蚕丝被、生态桑叶茶、桑枝香菇、蚕沙保健枕已初具规模。据悉，2017 年，子长县将以蚕桑现代农业园区建设为契机，计划养蚕 10 000 张，产鲜茧 450 吨，鲜茧产值 2 070 万元；加工蚕丝被 3 000 块，生态桑叶茶 22 吨，桑枝食用菌棒 20 000 棒，建设果桑采摘园 200 亩，实现蚕桑深加工产值 3 300 万元。

"一乡一业"皆富民，"一村一品"都增收。"一村一品，一乡一业"的特色农业发展道路，极大地推动了子长县农业向产业化、规模化、科学化发展，走上了农业可持续发展道路。

2. 庙湾沟村：山地苹果"热"起来

近日，子长县瓦窑堡镇庙湾沟村村民高海成高兴得合不拢嘴，原来他承包的 30 亩果园去年刚挂果，就卖了个好价格，均价一斤 4 元，苹果一项收入 15 万元，他家 4 口人，人均纯收入可突破 3 万元。而这个村早在 2007 年就被确定为县级苹果园地建设示范村，由于管理科学，养护到位，目前被确定为市级示范园，该村 15 亩以上示范户达到 20 余户，苹果产业已成为该村村民发家致富的主导产业。

子长县地处陕北高原腹部，土质以黄绵土为主，日光照时间长，又昼夜温差大，所以产出的山地苹果皮薄、肉细、含糖量高，品质极优，先后多次荣获杨凌农高会"后稷金像奖"、省优质农产品奖和中国农业博览会银奖。近年来，该县抓住全市"苹果北扩"战略机遇和群众高涨的热情，按照"区域化布局、规模化发展、科学化管理、标准化生产"的发展思路，大力发展山地苹果，2015 年全县新栽园面积达到 20.3 万亩。山地苹果已成为子长农民增收致富的朝阳产业，欣欣发展。

产业要发展，科技是关键。要在激烈的市场竞争中立于不败之地，就必须凭借质量和技术两条腿走路，在提升优果生产上下功夫。为此，县上以西北农林科技大学果树研究所为技术依托，常年聘请果树专家作为技术指导，为全县培训了大量的县、乡业务技术骨干，有 500 多名果农达到了农民技术员水平，克服了生产中遇到的技术难题。以县果业开发中心技术人员为主力，配合乡村技术人员，广泛推广苹果管理四大关键技术，严格规范树盘覆膜、改土施肥、抹芽除萌、合理间作、灭鼠防虫、整形修剪等关键技术。建立了"县有中心乡有站、村有协会户示范"的服务推广体系和"示范园、示范基地、示范村、示范户"齐全的科技示范体系，一手抓示范带动，一手抓培训指导，每年举办不同类型苹果技术培训班 25 余期，培训果农 3 000 人次。按照《延安市苹果标准化示范园标准》，实行领导带片、技术员包村责任制，狠抓山地苹果标准化示范园建设工作。大量的技术人员和完善的服务体系，为全县发展山地苹果产业提供了技术力量和服务保障。

高点起步，建设高标准的示范园。子长县从建园、选地址开始就严格把关，打实基础。选择"近村、近路、近水"背风向阳、土层深厚、土壤肥沃、坡度小于15度的好山地，作为果园地。新栽果园做到高标准设计，高质量起步，高规格验收，采取统一规划、统一要求、统一实施的办法，推行标准化栽植，一个大坑一筐粪，一棵壮苗一桶水，一块覆膜一个袋。对达不到质量要求的不准栽苗，全部返工，确保栽一棵、活一棵，栽一片、成一园，成一园、富一村。

"我们在辅助设施上也狠下功夫，全县建成集雨水窖1 380座，每年新建贮藏库100座，目前全县860余座，以及安装防雹网5 000亩、杀虫灯1 800个、诱虫板5 500张，全方位、多措施为果农服务，确保果农丰年灾年都可收。"果业中心主任南飞介绍说。

子长山地苹果产业起步晚，规模化经营差，市场效益低。如何让红都苹果产业"红"起来？成为县委、县政府近年来首要考虑的问题。县委、县政府为了充分调动广大群众积极性，形成"全民皆兵"的局势，出台了《子长县关于大力发展苹果产业的决定》和《子长县果业产业开发规划》等，制定出许多优惠措施：凡新建100亩以上，每亩补助300元（含苗木费），经验收被确定为省、市、县山地苹果标准化示范园的，每亩分别奖励150元、100元、50元；果园新安装防雹网每亩一次性补助500元，按规划改造老果园，管理到位的每亩一次性补助200元，经验收被确定为县级以上示范园的每亩奖励100元；集雨窖每口补助1 000元，套袋每亩补助60元。

制度一出台，四方传帮带，大家的积极性空前高涨，庙湾沟村的67户374人，山地果园面积达到1 260亩，实现年产值360多万元，人均苹果收入9 600元，成为远近闻名的以果致富示范村。玉家湾镇的玉家贺家湾村、席子沟村等8个村子集中连片栽植4 000多亩苹果。贺家湾村的梁祝成说："果苗免费给，达到百亩以上每亩还给300元的补助费，我们积极性高，力争多承包多流转土地争取上百亩啊!"

3月12日,在玉家湾镇的贺家湾村山头上,县长谢延明精心指导果农开展春管工作,要求大家一定要精细化管理,以优质高效建园,将来才能引领市场,并且意味深长地告诉大家:"苹果产业与其他产业不同,不能立竿见影见到效益,所以管护很重要,一定要精细化管理。"朴实的话语里,透露出领导的殷殷关怀情。

万事开头难,每一项产业要得到成功的发展,没有制度的保障是不行的。为此,子长县出台了领导包抓联系制,县级领导包抓乡镇,乡镇领导包抓村,县级单位副职和干部也一同包抓到村,形成一级抓一级,层层有落实的机制。并且将山地苹果栽植任务纳入全年工作考核指标范围内,形成了"山山有苹果,村村有产业"的良好局势。

"我们要抢抓国内外苹果市场强劲需求机遇,坚持'多予、少取、放活'方针,突出引导、扶持、服务,着力培育'一村一品'典型,推进苹果产业快速健康发展。目前全县山地苹果总面积稳定在20万亩以上,农民人均水果面积达到1.5亩以上,苹果总产量达到8万吨,实现产值1.5亿元,农民人均果业纯收入达到2 500元以上。"县委副书记、县长雷兴平自信地说。

山地苹果产业,正如雨后春笋,欣欣向荣地崛起在子长的山山洼洼,相信在不久的将来,红都子长苹果一定会有属于自己的一片市场——"红"起来!

3. 刘来沟村:棚栽产业"靓"起来

近日,笔者来到子长县玉家湾镇刘来沟村采访,结识了一群种菜的能手,如李红、尚爱林、苗明……在他们四季如春的大棚里,从他们自豪和自信中感受到该县大棚产业强劲的发展势头。能分享他们的喜悦,真是一件快事。棚栽业,子长县的一个追赶型的经济单元,目前已经成为子长一张靓丽的"名片"。

当问及种大棚的收入时，李红、尚爱林、苗明等都显得很保守，他们说："不多，一棚也就是个四五万元。"

李红2010年开始种大棚，接连种了三茬西红柿，两三年内已成了"土专家"。"什么时间放水、放多少？什么时间授粉？什么时间有病了、打药或者直接处理掉，都懂。"除非有大的疑难杂症，需打科技"110"问专家，其他的他都一般不求人。

李红这样算细账：一年换一块大棚塑料需要2 000元，农家粪和其他肥料及三轮运到棚内费用约需1 600元，农药不超200元，多点儿也就300元，草帘子每年的花费有1 650元，再就浇灌水的电费及水泵维修费每年每棚300元。算下来，一棚就是5 750元。从8月开始育苗，9月移栽，农历腊月阳历1月左右就陆续开始上市，批发价每斤4元，之后正二月出去3元2.5元不等，最低价也不低于1元。一座棚的毛收入就是4.5万元到5万元，扣除5 750元成本，每棚一年的纯收入将近4万元。今年46岁尚爱林一家儿媳爷孙三代7口人，共种4个温棚，年收入10多万元很轻松。他以前在延安大砭沟摆蔬菜零售摊，后来回家乡务温棚。他说："全家种4个温棚，现在都有自动卷帘机，苦不算重。种温棚是个勤快人的活儿，你哄它了，它也就哄你了。一年10多万元收入，知足了！"

在推动大棚产业发展上，政府通过优惠政策引导，极大地激发了群众的建棚积极性。政府对50米长9米跨度宽5米后背墙高的温棚，以前按长度每米补助120元，现在提高到160元，水电路每棚补助3 000元，自动卷帘机每台补助2 000多元，这样80米的一座新建温室大棚，政府补助2万元左右。70%的开支基本靠政府补贴了，30%靠个人投资。

2001年和2002年为温室大棚大起步的两年，有的坚持了下来发展很好，有的就"夭折"了。像蜜蜂裕村棚栽业就发展得很好，并带动了刘来沟村和古家河村。其中，古家河村14户的

30 座棚，年收入 110 万元户均收入高达 8 万元。

后来，蔬菜开发中心给全县村民们引进了棚栽油桃。目前，沿 205 省道的余家坪镇成了"户户发展栽油桃"的油桃专业镇。油桃当年栽植第二年即可挂果，盛产期一棚年创收可达 5 万元。这样，农户在农闲的冬季可以务劳油桃，第二年 4~5 月油桃一卖完，便可打 3~4 个月工。为了给油桃打开广阔的市场，该中心主动到延安各大超市联络销售柜台。目前，很多地方超市里都能见到"瓦窑堡油桃"。2012 年东圣西红柿获延安市首届瓜菜展评会一等奖，油桃 126 品种获特别展示奖。

"要继续加大建棚扶持力度，把真正想干事而缺乏资金，有苦力而无处使、想依靠勤劳而致富的农民，引导到大棚产业上来，让小温棚做成大产业。"县委副书记、县长雷兴平对大棚业的未来满怀信心。

"'星星之火，可以燎原'，我县的蔬菜棚栽业发展相对较晚，但只要是群众有信心、有干劲的产业，我们就有能力有办法做大做强，'民意所向'，就是我们县委、县政府所为的方向和动力。"县委书记谢延明坚定地说。

目前，全县蔬菜面积 2.2 万亩（其中设施蔬菜 1.1 万亩），涉及菜农 1.6 万人，年创收 1.15 亿元，菜农的人均收入达 7 187 元，每年正在以新建温室大棚 800 亩的速度建设全市棚栽业大县强县。

4. 东沟河村"洋芋粉条"火"起来

经过精选、清洗、分离、沉淀、提取、加热、和面、漏粉、冷冻、晾晒等差不多 17 道工序，"土疙瘩"洋芋就神奇地变成了晶莹透亮、光滑爽口的粉条，再配上大白菜和猪肉，就成了美味的猪肉翘板粉，让人馋得直流口水。子长县南沟岔镇东沟河村就是凭借着粉条加工这一产业，闯出了致富之路，成为了远近闻名的"手工粉条村"。

东沟河村位于南沟岔镇东南部，下辖东沟河、郝家圪崂、田家沟、揪沟湾4个自然村，170户800人。村子梁峁起伏，沟壑纵横，无污染，有500多亩的洋芋种植面积，而且种植的洋芋淀粉含量高，所以东沟河人百余年前就有加工粉条的传统。

　　"手工制作粉条全程工序多、耗时长，过去我们村都是小打小闹、单打独斗地按照老传统来制作手工洋芋粉条，很难成大气候。"50多岁的村民路正良说，"现在好了，村里有了这专业合作社，专门有人进行指导，从收购洋芋、制作粉条到最后销售都有人管，什么都不用愁，发家致富的日子是到了。"

　　2016年7月，该村吸纳18户从事手工粉条加工产业的农户成立了子长县东沟河村正合粉条加工合作社，并投资160万余元，建成了标准设备厂房。合作社对于社员的粉条质量进行把关，用传统手工工艺与现代技术相结合，使生产出来的粉条质地纯净、色白条直、晶莹剔透、柔软劲道、口感爽滑。最后，再对粉条进行统一包装、统一销售。59岁的路瑞彪是该合作社的社员，他掐着手指头算了一笔账：自己种植20多亩的洋芋，年产值25吨，如果按照洋芋来卖能收入2.5万余元，如果一半按洋芋卖，一半由合作社加工成粉条卖，能收入5.8万元，收入整整翻了一倍！

　　据合作社负责人路正介绍，合作社现有社员82户，手工粉条产量达20多万斤，总产值达518万元，仅粉条加工人均收入就达9700多元。"我一大早就赶过来了，这次又买了20多盒粉条，因为这的粉条好吃，不添加任何添加剂，家里人都喜欢吃。"来到位于县城的粉条直营店，笔者恰逢来购买粉条的市民冯小军，他一边往车上装货，一边告诉笔者。

　　为了进一步做大、做强粉条产业，东沟河村将手工粉条加工作为本村支柱产业来抓，形成"一村一品"生产格局，2016年东沟河村还申请了商标、统一包装，在县城开起了粉条直营店，并搭上"互联网+"的快车,利用农村电子商务平台,通过网络渠道销售、宣传东沟河手工粉条,打造东沟河粉条的品牌。在东沟河村的带动下,粉条加工产业已经成为余家坪镇郝家川村、安定镇廖公桥村、栾家坪便民服务中心十里铺等村组的主业。现如今,子长手工粉条已经步入了陕西各大市场,并销往山西、北京、新疆等地区,逐步走上了规模化发展的道路,成为人们餐桌上必不可少的美味佳肴。

(来源:《延安日报》2017年3月15日)

(三)农业产业化经营的重要意义

1. 农业产业化经营是实现农民增收的主要渠道

近年来农民收入增长缓慢,城乡收入差距进一步拉大。农民增收缓慢的内在原因是:农产品产量与农村劳动力"两个充裕"并存;农业生产劳动率和农产品转化加工率"两个过低"并存。发展农业产业化经营,可以促进农业和农村经济结构战略性调整向广度和深度进军,有效拉长农业产业链条,增加农业附加值,使农业的整体效益得到显著提高,可以促进小城镇的发展,创造更多的就业岗位,转移农村剩余劳力,增加农民的非农业收入;可以通过农业产业化经营组织与农民建立利益联结机制,使参与产业化经营的农民不但从种、养业中获利,还可分享加工、销售环节的利润,增加收入。

2. 农业产业化经营是提高农业竞争力的重要举措

加入世贸组织后,国际农业竞争已经不是单项产品,单个生产者之间的竞争,而是包括农产品质量、品牌、价值和农业经营主体、经营方式在内的整个产业体系的综合性竞争。积极推进农业产业化经营的发展,有利于把农业生产、加工、销售环节联结起来,把分散经营的农户联合起来,有效地提高农业生产的组织化程度;有利于应对加入世贸组织的挑战,按照国际规则,把农业标准和农产品质量标准全面引入到农业生产加工、流通的全过程，创出自己的品牌；有利于扩大农业对外开放，实施"引进来，走出去"的战略，全面增强农业的市场竞争力。

3. 农业产业化经营是农业和农村经济结构战略性调整的重要带动力量

解决分散的农户适应市场，进入市场的问题，是经济结构战略性调整的难点，关系着结构调整的成败。农业产业化经营的龙头企业具有开拓市场，赢得市场的能力，是带动结构调整的骨干力量。从某种意义上说，农户找到龙头企业就是找到了市场。龙头企业带领农户闯市场，农产品有了稳定的销售渠道，就可以有效降低市场风险，减少结构调整的盲目性，同时也可以减少政府对生产经营活动直接的行政干预。农业产业化经营对优化农产品品种、品质结构和产业结构，带动农业的规模化生产和区域化布局，发挥着越来越显著的作用。

第二节 新型职业农民精神：共筑新时代的农业梦

一、爱国主义精神

（一）爱国主义精神内涵

中华民族的历史之所以悠久和伟大，爱国主义作为一种精神支柱和精神财富是起了重要作用的，爱国主义是一种深厚的感情，一种对于自己生长的国土和民族所怀有的深切的依恋之情。这种感情在历史的长河中，经过千百年的凝聚，无数次的激发，最终被整个民族的社会心理所认同，升华为爱国意识，因而它又是一种道德力量，它对国家、民族的生存和发展具有不可估量的作用。

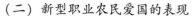

（二）新型职业农民爱国的表现

1. 保护自然环境

新型职业农民的爱国主义首先应从爱土地、爱家乡开始。故乡的山水土地，祖国的江河湖海，这些自然环境是人们爱国主义道德感情的最初源泉之一。保护自然环境，杜绝乱砍滥伐，防止水土流失，发展生态农业、可持续农业，提高地力，建设生态文明，促进农业可持续发展，这就是爱国方式之一。

2. 保障粮食安全

粮食问题是事关国家安全和稳定的大问题。能基本保证粮食的自给自足，才谈得上其他的问题。所谓手中有粮，心中不慌，这放在任何时代都不为过。2015 年中国粮食生产实现了"十二连增"，粮食价格却出现了持续走低，粮食增产和农民减收构成了中国农业发展的复杂景观。在这个让人百味杂陈的丰收季中，人们越来越认识到一个道理：保障国家粮食安全最终要靠农民。因此，新型职业农民保障国家粮食安全也成为爱国方式之一。

【案例】

755 万亩高标准粮田助力国家"粮食安全"

从河南省高标准粮田工作办公室获悉，"中原粮仓"河南省 2016 年全年建设高标准粮田面积达 755 万亩，超额完成全年计划建设面积，河南高标准粮田正在成为保障国家粮食安全的有力"抓手"。

据介绍，河南作为全国重要的粮食生产大省，肩负着保障国家粮食安全的重任。该省粮食总产量占全国的 1/10，小麦产量占全国的 1/4，粮食产量增加的背后高标准粮田工程功不可没。

2016 年河南省完成投资 99.4 亿元，建设高标准粮田 755 万亩。截至目前高标准粮田面积累计已达 5 357 万亩，占全部规划任务的 84.1%。

为实现对高标准粮田建设精准管理，河南省还建立高标准粮田地理信息系统。通过该系统可以通过电脑和移动终端设备在线查询全省高标准粮田规划建设"百千万"方的基本信息，查询农业技术推广区域站的分布情况，土壤墒情状况和气象信息等，实现河南省高标准粮田建设信息的及时更新和精准管理。

根据建设规划，到 2020 年河南省规划建设高标准粮田 6 369 万亩。2017 年河南省将继续推进高标准粮田工程建设，不断完善规划，协调有关部门继续整合各类涉农资金，统筹推进高标准粮田建设进度。

此外，河南还将推进农业供给侧结构性改革，从发展大宗普通农产品向发展优质小麦、优质花生、优质草畜、优质林果转变，从分散经营、粗放管理、低端加工向布局区域化、经营规模化、生产标准化和发展产业化方向转变，不断增加农民收入。

二、崇仁厚德精神

1. 仁爱和厚德

仁爱是什么？仁爱是孔子儒家思想的核心内容，同时，这一思想，也贯穿了孔子的政治，教育，伦理，文化主张的诸多方面，尤其是在做人的问题上。在孔子看来，仁爱是做人的根本。恭、宽、信、敏、惠这五点，如果都做到的话，仁基本上就做到了。直观上讲，仁就是一种行为方式，而这种行为方式，会给我们生活带来不同的结果。一个真正有仁爱之心的人，他可以以此安身立命。有了仁爱，才知道怎么跟人打交道，唯仁者能好人，能恶人。因此，仁爱是一种身体力行，一种点点滴滴身边的行为。

"厚德"既有历史传统，又有时代特点。今天看来，"厚德"主要有两层含义：一是日常道德修养，二是高远博大胸怀。我们日常生活中人们的道德修养，交通法规的遵守、公共场所的使用、公共设施的爱护、环境卫生的维护、社会公益活动的参与、人与人之间的交往，可以说人生活中的一举一动都体现了厚德。"仁、义、礼、智、信"这是几千年我们老祖宗做人的宗旨，也是我们中国人做人的"德行"。

2. 崇仁厚德精神的表现

我国正处于新的历史时期，特别需要提倡"崇仁厚德"。崇仁厚德就是要汲取传统文化的精华，汲取优秀文化遗产中的正能量，加强德行修养，注重个人品德，建立家庭美德，遵守社会公德；友善为本，增进感情，凝聚力量，促进发展；仁慈为怀，敬老爱幼，互帮互助，激发爱心，传递人间正能量；锻炼提升内在精神，追求远大，情趣高雅，身心康健。

【案例】

崇仁厚德　大爱无价

刘盛兰是山东省烟台市招远市蚕庄镇柳杭村一位普通村民。73 岁的时候，老伴去世，他成了孤寡老人。为了让自己老了无力行动时，身边会有一个照顾他的人，他开始了助学。这是老人的初衷。但后来，他助学的规模远远地超出了自己的想象。

每天清早，刘盛兰起来弄点简单的饭菜，就骑着自行车走村串巷去了，直到捡回一大堆破烂。他 18 年几乎未尝肉味，没添过一件新衣，"吝啬"得连一个馒头都舍不得买，可捐资助学总计 10 多万元，资助了 100 多个学生。刘盛兰一直没进养老院，这样能拿到每年 4 000 元的生活补贴。这些钱他全部捐给了贫困学生。

刘盛兰唯一珍藏的是一个深蓝色布袋，里面装满了汇款单和回信。这么多年过去了，老人也不记得汇出去多少钱、收了多少封信。2013 年 8 月，因为肾病，刘盛兰住进了医院，但他仍然惦记着捐资助学，担心汇款中断和没到位会断了孩子们的希望。

从老人的举动中，能清楚地感受到他的慈爱之心，友善之心。自己有困难的时候，就希望有人帮帮忙，看到别人有困难也尽力帮助。对于新型职业农民来说，更应该提倡这种精神，邻里乡亲互相尊重、互相关心、互相帮助、友好和睦共处。

三、诚实守信精神

1. 诚实守信内涵

诚实守信是中国传统道德的重要范畴，也是社会主义市场经济建设过程中的重要道德。

所谓诚实是指忠诚老实，不讲假话，能忠于事物的本来面目，不歪曲、颠倒事实；所谓守信，就是说话算数，信守诺言，讲信誉，重信用。

诚实与守信的关系为：诚实是守信的基础，守信是诚实的外在表现，也是评判诚实的重要标准。在我国的传统文化中，诚信是优良品质的重要组成部分，孔子很早就说过"人而无信，不知其可也""言必信，行必果"。因此，诚信这一优良品质在广大民众中并不少见，中国人将诚信作为立身处世之本，诚信是中华民族的传统美德。

【案例】

杨丙光：卖种子20多年"零投诉"

"卖种子、种苗，是个良心买卖。农民买种子、种苗，寄托的是一年的希望。"为此，杨丙光心中一直藏着一把诚信尺，卖了20多年种子，没有接到一起投诉，没有发生一起假种子、假种苗事件。

1. 卖种子自己先试验

杨丙光是寿光市宏丰种苗商行经理。为了给农民提供好种子，他租了一个高标准大棚，把选出的种子反复试验。"哪种种子耐低温、耐高温、抗病性强、适合什么季节种植、果型如何，杨经理都熟记于心。"在宏丰种苗商行工作了6年的技术员王丽娟说。

图2-7　杨丙光在育苗车间

"这些年用宏丰的种子，没吃过亏，没上过当，年年丰收。"圣城街道野虎村的王利军告诉记者。

"新品种是占有市场的法宝，更容易获得较高的经济效益，谁都知道这个理儿。但要是不能保证种植效果，我宁愿晚一年，也不能把风险转嫁给种植户。"杨丙光有自己的坚持。

从当初40平方米的种子店，到现在拥有固定资产1000多万元的种苗企业，杨丙光诚信对客户的同时，对自己的员工也是宽厚有加。宏丰种苗业务员游会仁1995年就来到公司，他告诉记者，快20年的时间里，杨丙光没拖欠过他们一分钱工资。

种苗行业用工特殊，发苗的时候，周围村庄里来打工的很多，工资日结。平时，村民晚来一小时，早走一小时是常有的事，杨丙光从不计较这些："短了工作时间可以，短了工钱不行。"因为杨丙光夫妇待人宽厚，20多年来，从经营门店到管理公司，二人几乎没有遇到过用工难问题。商行忙的时候，甚至有附近的农户主动过来帮助赶工。

2. 给妻子买车的钱捐给农民工

2011年，在潍坊市关爱农民工志愿服务活动中，杨丙光捐了30万元，而那30万元，本来是打算给妻子买车的。

营里镇南岔河村有一户人家总来买种子，知道他家有4个残疾孩子后，杨丙光再也没收过他的种子钱；野虎村的高学顺妻子重病，家里经济条件不好，杨丙光给自己孩子买衣服时经常捎带着给高学顺的孩子也买一套；岳光村的高建春身体不好，找不到工作，杨丙光安排她在育苗厂上班，还叮嘱门卫帮她照看孩子……

"都是小事。"杨丙光说，"碰见了装看不见心里不踏实。"

2005年春节，杨丙光带妻子回老家上坟，返回寿光的路上，沿途看到一个大棚失火，二人急忙下车找人救火。凌晨1点，火扑灭了。妻子王桂风过后问老杨，这么做，图啥呢？"图个心安。"杨丙光回答说。

"菲特"台风登陆沿海，浙江受灾。10月8日，浙江温州沧南县汪恒宝的育苗厂被淹，打来电话求助，要购买23万株西红柿种苗。杨丙光得知情况后，在寿光市场价7角5分的情况下，以每株6角5分的价格卖给汪恒宝，并承担了8 000元的运费。

3. 一直是做生意先做人

"做生意先做人，是我在杨经理身边工作两年间最大的感悟。"山东德鲁克农业科技有限公司经理李祥洪自称是杨丙光的"老部下"。2005年，李祥洪到宏丰种苗商行做业务员。2007年，杨丙光鼓励李祥洪走出去，自己创业，并承诺向他提供货源、技术、资金及其他支持。现在，李祥洪有了自己的企业，效益一年好过一年。

"记得有一次，因为种植户自己的原因，种苗成活率不是太高。杨经理知道后，主动提出来免费提供种苗补上。他说，我们损失了一批种苗不要紧，农民损失了一季作物事就大了。"李祥洪说。

安徽的简善亮是蚌埠市蔬菜研究所的所长。"最早认识杨丙光是1996年，这么多年来，他踏踏实实做事、本本分分做人的态度在同行中有口皆碑。有一次我资金上出了点问题，但是急需一批价值十几万的种苗。杨丙光知道情况后，二话没说先发了货。"简善亮说，杨丙光自己富了，不忘带动其他人致富，这一点让人钦佩。

（来源：大众网，2014 - 01 - 13）

2. 当代农民的诚信问题

现在一些农民富不起来的主要原因就是失信于政府得不到政策扶持、失信于银行得不到资金支持、失信于龙头企业得不到项目带动。农民诚信问题，已不仅仅是影响农民富得起来富不起来的问题，还是影响我国农村经济健康发展和社会和谐进步的大问题。

从现代社会来看，市场不仅仅表现为实际的买卖场所，更是一套法律规则和道德伦理体系，这些构成了市场经济的前提。现代制度实际上就是建立在诚信基础上的契约关系。有诺必践，违约必究，经济活动才能正常运转。信用度越高，经济运行就越顺畅；信用度越低，经济运行成本越高，诚信空气稀薄的社会环境甚至会让经济发展的活力窒息。

所以我们当代农民应该科学守信。讲科学、学技术，讲信用、求诚信；主动学习科学文化知识，积极参加专业技术培训，提高劳动技能和经营水平；做到善于思考，善于总结，善于行动；做老实人，说老实话，办老实事；用诚实劳动获取合法利益，以信立业，讲信誉、重合同、守诺言。

3. 不讲求诚信的危害

个人交往中的不诚信损害了人际关系的和谐，无法建立良好的个人信誉，与旁人及社会的关系紧张、脱节，直接影响个人形象及发展。信是立身之本，更是立国之基。人之失信，害在几人；社会无信，人人自危。信用经济等不来，信用社会的建立也非一日之功。

近年来相继发生"毒奶粉""瘦肉精""地沟油""彩色馒头"等事件足以表明，诚信的缺失、道德的滑坡已经到了何等严重的地步。一个国家，如果没有国民素质的提高和道德的力量，绝不可能成为一个真正强大的国家、一个受人尊敬的国家。要在全社会大力加强道德文化建设，形成讲诚信、讲责任、讲良心的强大舆论氛围。诚实守信作为基本的公民道德规范，已经成为现代经济社会发展的一道底线，成为国家强盛、民族复兴的一块基石。"

只有讲求诚信，才可以引来企业，可以招来项目，可以发家致富。诚信是新型职业农民进入现代农业产业化过程、从事市场经济的重要一环，是新型职业农民的立身之本。

【案例】

两个诚信事件

贵州省清镇市的两个诚信事件，拉开了诚信农民建设的序幕。

第一个事件：清镇市新店镇部分农民不讲诚信，致使农业产业化龙头企业大发公司伤心离开，转到该市百花湖乡发展养鸡产业。因为百花湖乡农民信守合同约定，企业发展壮大，农户收入增加，清镇市也因此成为贵阳最大的养鸡基地。

第二个事件：清镇市红枫湖镇右二村种植的小山椒品质好，

重庆客商采取预付款的方式订购，村民在高价现款的诱惑面前，坚持履行合同，引来资金，重庆客商建起了辣椒基地2 000亩，每亩收入4 000元以上，现已成为贵阳市蔬菜外销的核心基地之一。

两件事在清镇市引发了强烈反响，清镇市委、市政府适时开展了诚信大讨论活动，引导农民提高认识，诚信可以引来企业，诚信可以招来项目，诚信可以发家致富，从而变"要我诚信"为"我要诚信"，焕发了农民群众参与诚信建设的积极性和主动性。

四、爱岗敬业精神

1. 爱岗敬业内涵

爱岗敬业是职业道德的基本内涵，它既是中华传统美德的重要内容，也是职业农民的基本要求。

爱岗敬业是对职业精神的高度概括，要回答的是如何去忠于职守的问题。它是从业者对自身职业的认识和态度。在思想领域，它是指从业者在世界观、人生观、价值观作用下形成的认识；在实践领域，它要求从业者敬业、乐业、勤业、创业、守业；在公共领域，它表现为从业者内心对所从事职业的一种敬畏、热爱、执著甚至献身精神。

一个人占据了某个职业岗位，他就会通过职业劳动体现出他的才智和性情。若他在个人生活中碌碌无为、得过且过，尚且只是他个人的事（但也不会全部如此），但他要把这种行为方式和态度带到职业场所和职业劳动中，就是对社会、对他人的不恭和冒犯。因为职业劳动者的最起码的职业伦理要求就是胜任本职工作，要了解和掌握本职工作的基本性质、业务内容和工作技巧。一个优秀的职业劳动者当然不能止步于此，更不能因多年工作而自然获得的经验沾沾自喜、踌躇满志，要更上一层楼，由会、熟，过渡到精通，最终达到绝佳、绝顶，成为本职工作的行家里手。意识到所做的工作是社会分工系统的一个部分，并进而努力促成本职工作的效率，这样的职业工作者就有了明确的职业意识。所谓职业意识就是对本职工作所具有的社会意义的敬重，并接受自己因从事该工作具有的角色，实现认同，在工作中加以贯彻。每一个职业人员都应具备这样的职业意识，它构成了职业人员的基本素质，具体体现就是对本职工作的兴趣和热爱，并进一步产生自觉的职业伦理的约束和对高尚职业伦理的追求。

爱岗敬业、忠于职守，这话说起来简单，做起来不易。仅仅把职业当成是谋生手段的人不会忠于职守，他们很难把热情倾注在自己的工作上，往往是"做一天和尚撞一天钟"；把职业分为高低贵贱的人不会忠于职守，他们羡慕别人的职业，不满自己的职业，时时想着的是"人往高处走"。只有那些真正热爱自己职业的人才会忠于职守，像前面所说的那位保安，在他的眼里，自己的职业是光荣的，是值得为之奋斗的，所以才会在关键时刻忠于职守，不辱使命。

2. 农民的爱岗敬业精神

对于新型职业农民来说，更离不开爱岗敬业的精神。其内容主要包括以下几点。

第一，对社会和公众利益的责任感。职业是社会分工的产物，因此，职业应体现社会公利，爱岗敬业精神的宗旨首先就是追求社会最大利益的实现。民以食为天，自古以来农业就在整个人类社会中扮演着重要的角色，正常的农业生产是人类得以生存的前提。对于我国来说，要用占全世界7%的耕地养活占全世界22%的人口，这不能不说是一个奇迹，然而这一现实就发生在我们的国家和我们的周围。可见农民这一职业，农业这一产业在我国的地位举足轻重。

第二，对本职业总体荣誉的关心。立足于社会、公众的立场并不等于放弃各个职业本身的特点和内在要求，恰恰相反，要在追求社会、公众利益的基础上，进一步追求本职工作的成就感，完善本职工作的各个环节，使之以更佳的形象、更高的效率展示在世人面前。国人经常引用法国名将拿破仑的名言："不想当将军的士兵不是好士兵"。一方面是鼓励人们要有远大抱负和志向，另一方面则警示人们若没有对军人这一职业的认同、崇敬，就既当不好士兵，也当不好将军。无数的士兵中只有少数佼佼者成为了将军，这些人除了骁勇、才智之外，还有一个共同之处就是具备视军人为天职的敬业奉献意识，可以想象，没有这样对本职工作的热爱，就不会关心它的社会声誉，也不会忍受长久平凡而寂寞的清苦生活，俗话说"吃得苦中苦，方为人上人"，没有脚踏实地的付出，没有对本职工作的苦心钻研、体会，你不会看到瑰丽的彩虹，也永远不能体会岗位成才所带来的喜悦。

爱岗敬业精神主要表现为从业人员个体的荣誉感、信念和良心，即通过长期、自觉的敬业实践，形成对本职工作的敬重，获得良好的职业品质。敬业精神还力主促成从业人员乐业勤业，并积极提高自己的业绩和技能。现代化建设需要各种先进科技和无数的人才。但人才并不仅仅指从事专业研究的人。科技人员无疑是人才，一大批各行各业的熟练劳动者，如技术工人、技术农民同样也是人才。事实上，现代化建设不但需要高级专家，而且迫切需要千百万受过良好职业培训的中初级技术人员和技工，没有这样一支劳动大军，再先进的技术和设备也无法被转化为现实的生产力。最重要的是，对本职工作的投入、负责、尽心的思想意识和行为习惯，这样的精神因素构成了高素质劳动者的重要方面。

【案例】

唐嫒：立足本职　爱岗敬业

唐嫒，巧家县大寨镇统计人员兼农业普查办公室成员。2016年5月因工作岗位调整调到统计站工作，在统计工作上，没有任何工作经验和业务知识，一切都要从零开始，现学现用。同时迎来了全国第三次农业普查，因人手不足，又担起了大寨镇第三次全国农业普查的重担。她既要负责统计的日常工作及完成镇上领导安排的其他工作，又要负责大寨镇第三次全国农业普查工作。工作的重担时常压得她喘不过气来，但她从没有抱怨，始终怀着对基层工作的热爱和忠诚，立足本职、爱岗敬业、不畏艰苦，在平凡的岗位上兢兢业业，以实际行动展示了一名基层工作者的精神风貌。

为确保大寨镇第三次全国农业普查工作的顺利进行，每次领导安排去市、县开会，她都认真钻研会议精神，回来后，首先向领导汇报情况，并积极组织全镇11个村开会并传达会议精神及工作部署。在这次农业普查前期准备工作阶段，她带着不到5岁的小孩加班加点查阅资料学习农业普查相关知识，划分了全镇11个普查区边界图，协助11个村副主任划分102个普查小区边界图。并在2016年11月28日到30日组织全镇13个指导员、101个普查员召开大寨镇第三次全国农业普查综合业务培训会，发放宣传资料，张贴海报等。

2017年1月1日全国第三次农业普查正式入户登记工作开始了。她一直坚守在自己的工作岗位上，除日常工作外，还负责监督全镇11个村数据录入上报进度及数据录入审核工作。在正式入户登记期间，她耐心地对普查员进行业务指导，一遍又一遍地给普查员讲解她能解答的问题，她不能回答的问题及时向上级农普办请教再给他们解释并及时落实到实际工作当中。在入户登记期间，2017 年 1 月 17 日陪同市县领导到海口社区查看普查员入户登记工作，在 2 月 9 日陪同县领导督察组到大寨社区、官村和车坪等村委会检查工作并入户查看普查员登记农业普查工作。这期间每天都在 QQ 群里汇报各村农业普查数据上报进度并电话监督各村顺利稳定开展农业普查入户登记工作。虽然有些辛苦，感到工作的困难，也受过委屈，但能在这个特殊的时候参加 10 年一遇的农业普查工作，她深感荣幸。

（来源：中国网 – 中国视窗，2017 – 03 – 02）

五、勇于创新精神

（一）创新的含义

创新是以现有的思维模式提出有别于常规思路的见解为导向，利用现有的知识和物质，在特定的环境中，本着理想化需要或者为满足社会需求而改进或创造新的事物、方法、元素、路径、环境，并能获得一定有益效果的行为。具体来说，创新是指人为了一定的目的，遵循事物发展的规律，对事物的整体或其中的某些部分进行变革，从而使其得以更新与发展的活动。

关于创新的标准，通常有狭义与广义之分。狭义的创新是指提供独创的、前所未有的、具有科学价值和社会意义的产物的活动。例如，科学上的发现、技术上的发明、文学艺术上的创作、政治理论上的突破等。广义的创新是对本人来说提供新颖的、前所未有的产物的活动。也就是说，一个人对问题的解决是否属于创新性。不在于这一问题及其解决办法是否曾有别人提出过，而在于对他本人来说是不是新颖的。

具体来说，创新主要包括以下 4 种情况。

（1）从生物学角度来看：创新是人类生命体内自我更新、自我进化的自然天性。生命体内的新陈代谢是生命的本质属性。

生命的缓慢进化就是生命自身创新的结果。

（2）从心理学角度来看：创新是人类心理特有的天性。探究未知是人类心理的自然属性。反思自我、诉求生命、考问价值是人类客观的主观能动性的反映。

（3）从社会学角度来看：创新是人类自身存在与发展的客观要求。人类要生存就必然向自然界索取需要，人类要发展就必须把思维的触角伸向明天。

（4）从人与自然关系角度来看：创新是人类与自然交互作用的必然结果。

（二）创新的主要特征

创新既是由人、新成果、实施过程、更高效益4个要素构成的综合过程，也是创新主体为实现某种目的所进行的创造性的活动。它的主要特征包括以下几个方面。

1. 创造性

创新与创造发明密切相关，无论是一项创新的技术、一件创新的产品、一个创新的构思或一种创新的组合，都包含有创造发明的内容。创新的创造性主要体现在组织活动的方式、方法以及组织机构、制度与管理方式上。其特点是打破常规、探索规律、敢走新路、勇于探索。其本质属性是敢于进行新的尝试，包括新的设想、新的试验等。

2. 目的性

人类的创新活动是一种有特定目的的生产实践。例如，科学家进行纳米材料的研究，目的在于发现纳米世界的奥秘，提高认识纳米材料性能的能力，促进材料工业的发展，提高人类改造自然的能力。

3. 价值性

价值是客体满足主体需要的属性，是主体根据自身需要对客体所作的评价。创新就是运用知识与技术获得更大的绩效，创造更高的价值与满足感。创新的目的性使创新活动必然有自己的价值取向。创新活动源于社会实践，又向社会提供新的贡献。创新从根本上说应该是有价值的，否则就不是创新。创新活动的成果满足主体需要的程度越大，其价值就越大。一般来说，有社会价值的成果，将有利于社会的进步。

4. 新颖性

新颖性，简单理解就是"前所未有"。创新的产品或思想无一例外是新的环境条件下的新的成果，是人们以往没有经历体验过、没有得到使用过、没有贯彻实施过的东西。

用新颖性来判断劳动成果是否是创新成果时有两种情况：一是主体能产生出前所未有成果的特点。科学史上的原创性成果，大多属于这一类。这是真正高水平的创新；二是指创新主体能产生出相对于另外的创新主体来说具有新思想的特点。例如，相对于现实的个人来说，只要他产生的设想和成果是自身历史上前所未有的，同时又不是按照书本或别人教的方法产生的，而是自己独立思考或研究成功的成果，就算是相对新颖的创新。二者没有明显的界限，只有一条模糊的边界。

5. 风险性

由于人们受所掌握的信息的制约和对有关客观规律的不完全了解，人们不可能完全准确地预测未来，也不可能随心所欲地左右未来客观环境的变化和发展趋势，这就使任何一项改革创新都具有很大的风险性。

（三）创新的意义

对一个国家来说，创新是一个民族进步的灵魂，是一个国家兴旺发达的动力，随着竞争的加剧，能否创新已成为一个国家发展与发达的关键。创新是带有氧气的新鲜血液，是一个国家的生命。

对个人而言，创新是一个人在工作乃至事业上永葆生机和活力的源泉。具体而言，创新将决定一个人的发展前途、事业高低、勇气谋略等。

【案例】

三种农业经营形式创新　让小农户也能发展现代农业

国务院发布《全国农业现代化规划（2016—2020 年)》，提出"引导农户依法自愿有序流转土地经营权，鼓励农户通过互换承包地、联耕联种等多种方式，实现打掉田埂、连片耕种，解决农村土地细碎化问题。"现实当中，不少农村地区的农民通过经营形式创新，在不进行土地流转和改变农业经营主体的基础上推进农业现代化发展，探索出了多种以普通农户为主体的农业现代化道路。其中较为典型的有湖北沙洋的按户连片耕种模式、江苏射阳县的联耕联种模式和安徽繁昌县的农地集中流转模式。

沙洋县的按户连片耕种模式指农民将分散化、细碎化的土地调整到一块或一片，以此实现土地集中连片耕种，扩大土地规模经营。据初步估计，按户连片耕种可提高机械使用效率40%，减少货币投入成本25%，减少劳动投入时间75%，提高综合生产能力4倍。以该县新贺村一农户为例：该农户有承包地十几亩，分散为20多块，从插秧到晒田期间的两个多月光灌溉耗费劳力就很多。土地连片后该农户将水放到最高的田块里，让其自流灌溉，既不怕水流到别人田里，也不需要频繁搬动水管和水泵，种田轻松了很多。

射阳县的联耕联种模式指农户联合起来打破田埂，统一进行旋、耙、平田等耕种作业，并且选用统一品种进行统一播种，实现了农业服务规模化。联耕联种模式通过产权整合将分散的小农户与规模化的社会化服务对接起来，可以增加农业综合收益500元/亩以上。包括采取机插秧技术和条播技术，减少种子成本47

元/亩；打破田埂统一使用机械，提高机械使用效率，降低机械成本35元/亩；统一技术推广和指导，提高农作物的产量和品质，小麦产量可以增加100多斤/亩，销售价格可以提高0.1元/斤。

繁昌县的农地集中流转模式指农民将承包地分为"自耕功能区"和"流转功能区"，需要耕种土地的农民在"自耕功能区"按照土地二轮延包面积获得集中连片的承包地，不需要耕种土地的农民将土地流转出去，流入土地的家庭农场从"流转功能区"获得集中连片的土地，由此解决了农民土地流转意愿不同导致的土地分散化流转和"插花地"问题。另外，农民每5~10年集结一次土地流转意愿，由此形成一种"可逆"的土地流转模式，农民工不需要担心有朝一日返回农村时无地可种。

上述3种农业经营形式创新在促进农业现代化发展的同时不同程度地包容、保护和实现了小农户的利益。

第一，通过不同的方式解决了小农户的生产困境，推进了农业现代化发展。按户连片耕种模式解决了地权均分配置导致的土地细碎化问题；联耕联种模式解决了小农户农业服务规模不经济问题；农地集中流转模式解决了人地分离导致的土地细碎化问题。这些探索都不同程度地提高了农业生产的社会化程度和技术水平，农民群体普遍能够分享到农业现代化的好处。

第二，在农业现代化过程中保障了农民的就业和生存。按户连片耕种模式和联耕联种模式的主体都是小农户。前者强调"按户"原则，即土地连片耕种回应的是小农户而不是新型农业经营主体的诉求。后者强调"联合"原则，即由小农户联合起来实现农业服务规模化。农地集中流转模式强调"可逆"原则，即保障农民工返乡耕种土地的权利。上述3种探索并没有剥夺农民耕种土地的权利，在提高农业经营效益的同时还可以使农民从土地中获得一定的就业和社会保障。

发展现代农业可以有多种方式。尤其在我国农村人口数量众多，且大部分农民仍然需要依靠土地获得就业和社会保障的情况下，探索以小农户为主体的农业现代化道路既有利于提高农业现代化发展水平，也有利于满足农民的就业和社会保障需求。各地应充分尊重农民的首创精神，因地制宜探索以农民为主体的农业现代化道路，保护农民利益，解决普通农户土地细碎化问题，并将其作为农业现代化发展的重要构成部分。

（来源：中国经济网，2017－03－17）

六、大国工匠精神

1. 大国工匠精神

"工匠"，从字面来看，就是工人、匠人的意思，词典上的解释就是有技艺专长的人，技艺精湛，匠心独具。他们勤劳、敬业、稳重、干练以及遵守规矩，一丝不苟；他们不断雕琢自己的产品，不断改善自己的工艺，享受产品在手中升华的过程；他们用工作获得金钱，但他们不为金钱而工作；他们耐得住寂寞、经得住诱惑，将毕生精力奉献给一门手艺、一项事业、一种信仰；他们执著、坚守、进取，不断追求极致与完美（图2－8）。

在2016年全国两会上，李克强总理所做的政府工作报告中提出"培育精益求精的工匠精神"。这是"工匠精神"首次出现在政府工作报告中。所谓"工匠精神"就是对工作执着、热爱的职业精神；对所做的事情和产品精雕细琢、精益求精的工作态度；对制造技艺的一丝不苟，对完美的孜孜追求，以及对工作的敬畏、热爱和奉献的工作境界。其核心就是对作品的敬畏，对工作的热爱，对技艺的极致追求，正是这种精神的代代相续，才创造出了无数精妙绝伦的工艺品，发明了各种各样别具匠心的新奇工艺和精巧别致的新型产品。

任何一个时代都有工匠精神的坚守者。埃及的金字塔、瑞士

图 2-8 工匠

的钟表有工匠精神，中国的鲁班、中国的赵州桥、中国的航天事业也有工匠精神。精益求精是工匠精神，认真负责是工匠精神，优质服务也是工匠精神。它代表着一个时代的气质，坚定、踏实、精益求精。

2. 农民需要工匠精神

工匠精神是一种精致化生产的要求，不仅工业领域需要，农业领域同样需要。

农民需要耐心专注、严谨求实的专业精神。农业发展始终面临着自然风险、市场风险的挑战，解决这些问题，将来越来越靠科技和专业化人才，农业将越来越成为科技和知识密集型产业。这就需要农民不断提高自身的科技和知识水平，提高自身在农业方面的专业性，需要对农业这个产业长期的耐心关注和全身心的投入，通过提升自身的专业化水平来抵御各种风险。

农民需要精益求精的工匠精神。我国农业大而不强、竞争力弱的现状与一些生产者只注重产量、不注重品质的态度有关。在农产品生产中，尤其需要发挥工匠精神，对每一粒粮食、每一棵蔬菜、每一瓶牛奶、每一块肉、甚至每一桌"农家乐"里的饭菜都要不断"打磨"，让农产品和服务精益求精、至臻完善，这才是提高我国农业竞争力的重要落脚点。

农民需要静下心来，克服浮躁心态和急功近利的心理。这是因为农业是一个有着自身独特规律的产业，它既需要人们付出劳动，又需要遵循农产品生长的自然规律，更需要认识到农业本身是关系国计民生、具有公共属性的产业。要想做好农业，就必须摒弃追求"短、平、快"的心理和"一夜暴富"的幻想，沉下心来，眼光放长远，这才是做农业之道。

克服浮躁、耐心专注、精益求精，李克强总理提倡的这种工匠精神，正是我们推动农业转型升级所需要的精神。让我们把工匠精神注入到农业发展创新的实践中，用工匠精神"为国铸犁"，创造现代农业发展更美好的明天。

【案例】

海堤茶农用工匠精神擦亮厦茶品牌

当化解产能过剩成为许多行业的头等大事时，厦门茶叶进出口有限公司的供应商却不约而同地加速基地和初制工厂增资扩产的步伐——市场需求旺盛，"海堤茶叶"供不应求，让茶农们铆足了劲"做事业"。而最主要的是，为厦茶供应好茶，携手擦亮"海堤茶叶"这一品牌，是所有基地茶农对厦茶的情感表达。

2017 年 3 月，厦茶茶叶卫生安全工作会议如期在厦门茶叶进出口有限公司召开——这一号称茶叶种植管理"培训班"的会议，自 2002 年以来，已是厦门茶厂连续十六届召开该会议（图 2 - 9）。

图2-9 2017年厦茶茶叶卫生安全工作会议

有机生态茶园基地的负责人谢良坡在16年间从一个荒废的小山包发展到横跨数个山头；他的产品远销世界各地，在厦茶研发人员的努力下，他眼看着自己的茶叶开出了神奇的"金花"，成了茶中的"沉香"；最后，他从一个普普通通的茶农变成了茶叶领域的"专家"……对这一切，谢良坡概括为和厦茶的"齐步走"。

1. 用心：茶农主动供应上等茶

从携手厦茶的第一天起，"海堤茶农"就迈开了和厦茶"齐步走"的步伐，直到今日，在茶农和厦茶的双重努力下，品质过硬、口感正宗、安全可靠的"海堤茶叶"连续9年实现了销售额的大幅增长，在市场普遍不景气的2016年，厦茶的国内销售额增长仍超过20%。这是厦茶和"海堤茶农"坚守品质、恪守责任的回报。

"众所周知，食品安全重在源头。田间地头没有做好，再高精度的农残及重金属检测手段，也无济于事。"在茶叶卫生安全工作会议上，厦茶公司总经理王贵卿说。这句话，他一说就说了几十年。

几十年来，无论是欧盟、日本，还是国内的各种检测，"海堤茶叶"从无发现一例违规、超标事例，茶叶卫生安全状况让人非常满意，这是厦茶最大的特色。茶农主动为厦茶供好茶，这很重要，因为生产环节若是出了问题，企业再好的工艺、实验室再精密的设备也无法改变茶叶的品质。

几十年全球无违规、无超标事例，厦茶所精心培养出来的"海堤茶农"是功不可没的——是的，业内都知道，茶农也是有品牌的，而"海堤茶农"就是这个茶农圈子里的佼佼者。

"海堤茶农"是茶农中的"行业状元"。他们守护着海堤茶叶卫生安全的"第一关"。在几十年里要保证产品不出任何问题，不是那么容易的事，尤其是农产品种植。

在厦茶的供应商中，有好几位还是首批国家级非物质文化遗产名录武夷岩茶（大红袍）制作技艺传承人，因此，这也是一支由"行业宗师"组成的队伍。

市场竞争越是残酷，产销合作就越是一项讲感情的合作。"海堤茶农"也是蓄积着浓浓"战友情"的一支队伍。其中一位茶农告诉记者，茶农与"海堤茶叶"同呼吸共命运，两者已完全成为一个"利益共同体"。

2. 专心：星级团队精心做好茶

"海堤茶农"无疑是茶农中的"行业状元"，是茶师中的"行业宗师"，这样的团队是如何做到团结一心的呢？有人道出了其中的奥妙：在与厦茶进行长期产销合作的过程中，茶农们的压力小了，动力足了，收益也就随之好了，精益求精的"工匠精神"就不会在现实的苟且中被践踏。

"用专业的人，做专业的事，专业首先要专心，我们就让茶农专心做好茶，这样自然能出好产品。"王贵卿说，茶农专心种好茶，厦茶就要多方面保障茶农们的利益，解决茶农的困难。

"虽然厦茶对毛茶的品质要求要比其他茶企高出一大截，但在厦茶雄厚的资金、科技实力保障下，我们只需要专心种我们的茶，少了很多担心。"陈姓茶农说，真正的好茶，他们从来都只留给厦茶，这已经形成了一种"默契"。

在生产管理方面，厦茶设立了茶农奖励机制，鼓励茶农使用有机化肥和生物农药；在扶助生产方面，厦茶在永春等地为有困难的供应商提供上百万元的无息贷款，用于支持供应商改良工艺、扩大生产规模；在订单收购方面，无论茶市好坏，厦茶每年都提前以市场价格与茶农签订采购合同并交付订金，给茶农吃下"定心丸"；在知识普及方面，厦茶每年都会组织茶叶卫生安全工作会议，让相关部门的专家与供应商、茶农面对面交流，指导茶农种植；在市场激励方面，厦茶每年都给基地的供应商和茶农进行奖励，而获得的奖励是多是少，完全取决于供应商、茶农平日对茶园的管理。

厦茶还定期在产地对茶农进行培训，并在各个茶区配备技术人员进行辅导和质量跟踪。从茶叶源头抓起，对茶区的农药使用实行严格的控制。在茶叶制作过程中，专业的农药检测程序也一直体现在每一个制作环节，直至最后包装成品。

3. 放心：建一流检验室检测农残

今年，国家对农残检验的要求从原本的20多种增加到48种，可以说提高了一倍多，这对许多茶企来说，是事关存亡的大事，然而，对"海堤茶叶"来说，这显然是个"利好"。因为在厦茶，内控足足要比国际标准还高出几倍，茶叶行业洗牌，安全卫生是永恒的王牌。

几十年来，尽管日本对茶叶设立了上百种农残检测标准，而欧盟的茶叶进口检测标准更是远远高于日本，在这些绿色壁垒下，厦茶公司的"海堤茶叶"何以能在异国他乡保持无违规、零检出的纪录？就是超高标准的品质控制和质量管理。"如果最严苛的国家对一项指标的要求是低于万分之0.1，那我们的标准就是低于万分之 0.05。"王贵卿说。

茶叶好，还要经得起检验！在厦茶的样品室里，连 1962 年的茶样都还能找得到。海堤茶叶，从田间地头到上市销售要经过十几道检验关，经过 8 次重复检验。只要有出现农残超标，哪怕量再小，整批茶叶都会被退回销毁。而检测合格的样品也会在厦茶实验室至少保存 3 年，每一盒"海堤茶叶"都可以追踪到茶园甚至茶农。

"现在有很多人是电子设备的'发烧友'，而二十年前，我们对检验检测设备，就是超级'发烧友'了。"王贵卿打趣地说，厦茶一直是全世界检验尖端设备的"发烧友"，世界上任何一个角落，只要一推出新检测功能，或能提高检出的精密度，增加农残检出项目，那厦茶一定会在第一时间购置。

"这个钱不能省！"王贵卿自豪地说，"海堤"名牌的建立靠的就是先进的生产设备和科学的检测手段，加上种植、采购、加工全过程的品质跟踪和不断健全的质量管理体系，最终形成"海堤"产品的竞争力，尖端检验科技也是竞争力的一部分。如今，厦茶已耗资数千万元建立了一流检验室，建设从原辅料到产成品的自检自控体系，有物理、化学、重金属、微生物等四大检验室，方便在栽培和制作过程中控制农药、重金属、微生物含量等。如今，厦茶已经坐上了中国乌龙茶出口海外的头把交椅，产品销售到世界 58 个国家和地区。

（来源：中国财经，2017 - 03 - 15）

模块三 提升农民素养 树立现代生产理念

第一节 农民素养：认识新型职业农民素养

一、素养的内涵

素养是指人在先天生理的基础上后天通过环境"影响和教育训练所获得的、内在的、相对稳定的、长期发挥作用的身心特征及其基本品质结构"，实质是指人们在经常修习和日常生活中所获得的知识的内化和融合，它对一个人的思维方式、处事方式、行为习惯等方面起着重要作用。一个人具备一定的知识并不等于具有相应的素养，只有把所学的知识通过内化和融合，并真正对思想意识、思维方式、处事原则、行为习惯等产生影响，才能上升为某种素养。

公民的文明素养主要指与现代社会发展和现代文明建设相适应的人的内在素养，是人们在文化知识、政治思想、道德品质、科学技术、礼仪举止、法律观念、经营能力等方面所达到的认识社会、推动社会文明进步的能力和水平。它是综合反映一个国家国民素养和"软实力"的最重要的因素。当前，我们在向社会主义现代化迈进的历史进程中，必须全面推进物质文明建设、政治文明建设、精神文明建设和生态文明建设四大文明建设。在社会主义文明建设过程中，四大文明建设都有各自特定的含义、特征和功能，四者又是相辅相成、互为因果的现代文明的总体。就总体而论，物质文明建设是推动社会文明发展的物质和经济基础，政治文明建设是推动社会文明发展的社会制度保障，精神文明建设是推动社会文明发展的内在精神动力，生态文明建设是推动社会文明可持续发展和人与自然和谐发展的必要条件。公民文明素养也就是推动这相互关联的四大文明建设所必需的人的品行、素养和能力，具体包括人的观念、思想、道德、文化、知识、智慧、技能等要素。

二、农民新生活需要培育新素养

随着美丽乡村建设的推进，农民过上了新生活。新生活需要培育新素养。

1. 农村生产发展需要新素养

生产发展，主要是指在推进农业和农村经济结构的调整中，农业产业化、现代化、市场化、信息化水平不断提高，农村二、三产业逐步扩大。生产发展主要就是农业的发展，农业发展同时也带动相关产业的发展。生产发展是建设社会主义新农村必要的物质基础。建设社会主义新农村的首要任务就是发展农业生产力。由于农民是农业生产力中最活跃的、能动的积极因素，农民的素养高低，直接影响着农业生产的发展水平。发展农业生产，实现传统农业向现代农业转变，必须依靠农民素养的提高。培养有文化、懂技术、会管理的新型农民是发展农业、工业生产的迫切要求。

2. 农民生活宽裕需要新素养

生活宽裕，主要是指农民的收入逐步提高，衣食住行条件不断改善，生活水平和生活质量明显上升，生活条件更加优越。生活宽裕是建设社会主义新农村的具体体现。由于我国农民组织化程度较低，根据市场需求变化来合理组织、控制农业生产的能力不强，并且长期受计划经济、传统思想等因素的影响，我国农民市场意识淡薄，不懂市场经济运行的规律；接受和反馈信息的能力差，很难准确把握市场动态，适应社会化大生产的经营、管理、组织、协调的能力不强，缺乏现代经营理念、科学管理方法、勇于承担风险的创业精神和敢于竞争、善于竞争的素养。而我国建设社会主义新农村是在一个改革开放的环境下进行的，我国农产品必然要面临激烈的国际竞争。因此，我们必须培育新型农民，使农民拥有较高的科技素养和经营管理能力。

3. 促进乡风文明需要新素养

乡风文明，主要是指农民群众的思想、文化、道德水平不断提高，相信科学、崇尚文明、社会风气健康向上，教育、文化、卫生、体育等事业的发展逐步适应农民的需求。乡风文明是建设社会主义新农村的灵魂。不断提高农民群众的思想道德和科学文化素养，使农民具备一定的科学思想和科学精神，掌握必要的科学技术知识，才能使农民自觉地崇尚科学精神、革除社会陋习、抵制迷信愚昧、追求精神文明，自觉抵制和摆脱封建迷信等愚昧落后观念和陈规陋习的影响，树立健康文明的生活方式和积极向上的生活情趣，形成文明向上的乡风，保持农村社会的繁荣稳定。

4. 实现村容整洁需要新素养

村容整洁，主要是指脏乱差状况从根本上得到治理，生态环境、人居环境明显改善，社会秩序稳定，村容村貌整洁。提高农民素养，有助于农民转变农业生产和农村生活方式，大力推广生态施肥和病虫草害生态控制技术，推广生活污水、生活垃圾、畜禽粪便、作物秸秆等生产生活废弃物无害化处理与资源化利用技术。把农村"三废"变"三料"，即农村畜禽粪便、农作物秸秆、生活垃圾和污水变成肥料、燃料、饲料。以"三节"促进"三净"，即节水、节肥、节能促进净化水源、净化农田和净化庭院。提高农民素养，有助于广大农民养成良好的生活习惯，自觉摒弃陈规陋习，使村民讲究卫生，爱护村容村貌。

5. 推动农村管理民主需要新素养

管理民主，主要是指在农村党组织领导下，健全和完善民主选举、民主决策、民主管理、民主监督等村民自治机制，不断增强农民群众的自我教育、自我管理能力，使广大农民群众真正拥有知情权、参与权、选择权、监督权，真正让农民当家做主，不断推进农村民主法制建设。这就需要农民全面提高科学文化素质、法律意识和管理意识。让富裕起来的农民通过各种培训方式接受良好的教育，在掌握现代政治文化知识的同时，能适应现代生活方式，学会关心社会，积极参与社会活动，提高与外部交流的技巧和能力，全面提高自身的社会经济政治地位，成为名副其实的推动社会主义新农村建设事业的主力军。因此，实现农村管理民主发展目标需要提高农民素养。

三、新型职业农民素养的形成

1. 加强乡风文明建设

继续深化"一约三会"制度，不断完善村规民约，建立健全红白理事会、道德评议会、老年和谐促进会等群众自治组织，进一步促使各协会按照章程积极开展工作。各乡镇加强指导，按季度对辖区"一约三会"工作开展情况进行督察评比。各协会切实发挥自身的功能和作用，定期或不定期组织群众开展喜闻乐见的实践教育活动。以"清洁家园""文明生态示范村"创建等活动为抓手，深入开展农村精神文明创建活动，强化教育引导，严格督导评比，积极创建干净整洁、文明和谐的人居环境。

2. 完善文明素养的约束机制

一是加强舆论监督。针对社会上各种不文明行为，运用新闻媒体进行曝光；发挥社会舆论的监督作用，鼓励百姓对不文明行为进行谴责、制止和举报，让不文明行为成为"过街老鼠人人喊打"。二是加强社会监督。聘请义务劝导员、文明督导员、对乱倒垃圾等不文明行为进行监督、制止和规劝。大力深化乡风评议活动，定期召开乡风评议会，对辖区单位和干部群众的行为进行"评、帮、督"，不断提升乡俗文化内涵、提升百姓公德水平，提升农村生活环境，提升农村文明程度，引导人们在参与中接受教育。三是加强法制教育和法律约束。对违背社会道德的违法行为，要依据法律进行惩处。要通过法制的约束引导和促进农民知法、懂法、用法，让广大农民群众成为"讲文明、讲纪律、讲法制、讲道德"的文明新人。

3. 探索建立新型职业农民认定管理制度

认定管理是对新型职业农民扶持、服务的基本依据，是构建新型职业农民素质培育制度的载体和平台。全国要制定统一的认定管理意见，建立"政府主导、农业部门负责、农广校等受委托机构承办"的体制机制，深度改造认定农民技术等级的"绿色证书"，建立认定农民职业资格的"新型绿色证书"制度。各地要根据各地实际，充分考虑不同地域、不同产业、不同生产力发展水平等因素，根据农民从业年龄、能力素质、经营规模、产出效益等，科学设定认定条件和标准，研究制定具体的认定管理办法。各地政府要明确认定主体、认定责任和认定程序，明确农民教育专门机构在认定和服务上的主体地位、管理协调作用，加强建设和管理。对经过认定的新型职业农民建立信息档案，并向社会公开，定期考核评估，建立能进能出的动态管理机制。认定程序上可以先进行调查摸底，锁定目标进行重点培育，等培育成熟后再进行认定扶持；也可以高标准、严要求锁定目标进行直接认定，给予政策扶持。不管采取哪种方式，认定工作都要做好翔实的调查，因地制宜制订操作方案；要充分尊重农民意愿，特别是要确保获证与政策扶持相衔接，使农民得到实惠；要公开透明，主动接受社会监督，更不能以任何名义收费；要根据各地实际分产业、分层、分类循序渐进地推进，绝不能一哄而上、急于求成，绝不能搞形式主义、搞一刀切。

4. 着力构建新型职业农民扶持政策体系

政策扶持是推动新型职业农民成长的基本动力，是构建新型职业农民素质培育制度的根本保障。政府要分产业、分层、分类制定扶持政策，要重点向从事粮食生产、有科技带动能力、生产经营型的新型职业农民倾斜。

在生产扶持上，要在稳定现有政策的基础上，将新增项目向新型职业农民倾斜。防止补贴向土地承包经营权的使用者转移，否则新型职业农民得不到实惠，起不到提高生产积极性的作用。要逐步将新增补贴从收入补贴向技术补贴、教育培训补贴转变，构建新型农业经营体系下的强农惠农富农政策的新体系。

在土地流转上，要在登记确权基础上，建立土地有效流转机制，引导土地向新型职业农民流转。

在金融信贷上，要持续增加农村信贷投入，建立担保基金，解决新型职业农民扩大生产经营规模的融资困难问题。

在农业保险上，要扩大新型职业农民的农业保险险种和覆盖面，并给予优惠。

在社会保障上，探索提高新型职业农民参加社会保险比例，提高养老、医疗等公共服务标准等。

在教育培训的政策支持上，要尽快对务农农民中等职业教育实行免学费和国家助学政策，深度改造阳光工程，确保全部用于新型职业农民教育培养，把农广校条件建设纳入国家基本建设项目，启动实施新型职业农民教育培养工程，把更多的农民培养成新型职业农民。

第二节　科学文化素养：造就新型农民

一、科学文化素养的内涵

新型农民科学文化素养是指新型农民所具备的科学文化知识、对科学技术的认识、接受和运用能力等方面的素质。科学文化素养通常反映农民接受文化科技知识教育的程度，掌握文化科技知识量的多少、质的高低以及运用于农业生产实践的熟练程度。在现代社会，科学文化素养在新型农民整体素质中起着主导性作用。

科学文化素养的高低直接影响着科技成果在农业生产中的转化和应用，从而决定了农业现代化的进程。只有提高农民的科学文化素养，才能真正解决"三农"问题，才有可能实现我国农业和农村的现代化。科学文化素养的提高还是农民物质上脱贫致富的重要途径，也是农民精神生活脱贫致富的根本保障。农民科学文化素养的高低，很大程度上反映着农业生产水平的高低，直接影响着农民走向富裕的进程与途径。

二、当前农民科学文化素养的现状

1. 农村人力资源丰富而人才资源缺乏

农村人力资源丰富而人才资源缺乏，形成了农村社会经济发展的根本性矛盾。

在现有教育体制下，农村通过考试筛选上去的高级专门人才进了城，而淘汰下来的众多人力资源留在农村，使数量供给充裕的农村劳动力大军往往伴随着低素质的现实结果。目前我国低素质的劳动力绝大多数留在农村，形成农村庞大的劳动力市场，供过于求的现状将长期存在。这是我国农村社会经济发展在资源层面需要解决的一个根本性问题，也是我国农村将长期面对的人才资源的基本态势。

2. 缺乏热爱并了解农村、农民和农业的高级专门人才

缺乏热爱并了解农村、农民和农业的高级专门人才，构成了制约我国农村经济发展的主要因素。一方面，在现有的农村教育条件下，"农村"为城市培养了高级专门人才，培养了离开农村、农民和农业的人才，而疏于培养"即于农村、为了农村"的人才。造成农村人才匮乏。农村劳动力文化素质低下，农村科技人员极其短缺，致使绝大部分适合于农村应用的科学技术成果在农村推广不了，农村经济发展模式仍然属于粗放型的发展模式。另一方面，多年来的传统教育和传统思想，使现有的高等教育培养出来的高级专门人才，即使是农村出来的人才，也不愿意回农村，没有把农村作为实现自己人生价值的目的地，阻碍了农村经济发展和社会进步，以致农村被人类文明遗忘，而这又成为各级人才拒绝农村的现实理由，从而形成了恶性循环。

3. 应用农业科技的能力较差

科学技术是影响农民增产增收的关键。随着我国农业生产技术科技含量的不断增加以及现代农业的逐步推广，农民的农业科技应用能力需要提高。应用农业科技的能力差，会直接导致农业生产力水平低、农产品质量上不了档次、经济附加值不高、农民增收、农业增效困难。

三、科学文化素养提高的策略

1. 牢固树立科技致富观念

从事生产、增加收入，必须抓住机遇，迎接挑战，扬长避短，趋利避害，研究和实践新的农业发展理念。纵观每一位率先走上富裕道路的农民创业史，不难看出他们除了具有普通农民所具有的吃苦耐劳、艰苦创业的精神外，他们的思想观念与时代也

是相适应的，既对形势与政策有一定的了解，又能把握好机遇，敢于大胆尝试，更重要的是他们都掌握一定的科学技术，相信"科学技术是第一生产力"的论断，以科技知识武装头脑，以科技农产品占领市场，以科技手段创造高效益。目前，广大农民对此已经有了深刻的理解，学科技、用科技的热情正在高涨，我们应因势利导，使"想致富，先修路，有路还要学技术"的观念深入人心。

2. 主动学习科学文化知识

"科技兴农"就是"知识兴农"。要紧密结合农村改革开放和现代化建设的实际，通过多种形式，组织广大农民和农村基层干部学习先进实用的种植、养殖和农产品加工等实用技术，商品生产、市场营销、经营管理以及卫生保健、计划生育、环境保护和法律等方面的基本知识，使他们牢固树立崇尚科学、破除迷信的思想观念，增加识别各种违反科学的歪理邪说的能力。知识就是智慧和力量。各种科学文化知识在农民群众中的广泛传播，必将更好地促进农村物质文明、精神文明、政治文明和生态文明的健康协调发展。

3. 积极参加农民职业技能培训

要通过加强农村教育和科技推广服务工作，努力提高广大农民的科学文化素质，努力提高广大农村经济社会发展的科技含量（图3-1）。实践证明，农业劳动生产率的高低与农业生产者的文化程度是成正比的，偏低的科学文化素质给在农村推行技术创新和科学管理带来了很大困难。因此，必须采取多种形式，通过多种途径、多种渠道加强农民特别是青年农民的职业技能培训，使每个农民掌握一至两项农业实用技术；必须改革农村科技、教育体制，实行农科教相结合；必须激励农民学习技术，有条件的地方可给获得技术员职称的农民以补贴；推行"绿色证书"制度，对获得"绿色证书"的农民争取农业生产贷款可考虑免除

图 3－1 科技兴农知识宣讲会

担保手续，从而造就一种学科技光荣、用科技获得实惠的社会风尚。

第三节 创业素养：开辟农村发展新渠道

一、创业素养的内涵

1. 创业的含义

通常意义上，创业是人类社会生活中一项最能体现人的主体性的社会实践活动。它是一种劳动方式，是一种需要创业者组织、运用服务、技术、器物作业的思考、推理、判断的行为。创业有广义和狭义之分。广义的创业，是指社会生活各个领域里的人们为开创新的事业所从事的社会实践活动，其突出强调的是主体在能动性的社会实践中所体现的一种特定的精神、能力和行为方式。狭义的创业是一个经济学的范畴，是指主体以创造价值和就业机会为目的，通过组建一定的企业组织形式，为社会提供产品服务的经济活动。

2. 创业素养的结构

创业素养就是创业行动和创业任务所需要的全部主体要素的总和。具体而言，主要包括以下4个方面。

（1）创业意识结构。创业意识是指在创业实践活动中对个体起动力作用的个性心理倾向，包括创业需要、创业动机、创业兴趣、创业理想、创业信念等。其中，创业需要和创业动机是创业行为实践的内驱力，是进行创业的前提和基础，创业兴趣是对从事创业实践活动表现出来的积极情感和态度定向，创业理想是个体对创业活动未来奋斗目标的持久向往和追求。创业兴趣和创业理想是创业意识形成的中间环节。创业信念是个体在创业实践中表现出的一种对创业活动坚信不移、坚守到底、不畏艰难的心理倾向。创业信念的形成是创业者创业精神的集中体现，同时也是创业意识结构中最核心和最关键的要素。

（2）创业社会知识结构。它是指在创业实践活动过程中个体应具有的知识系统及其构成。创业知识是个体在社会实践中积累起来的创业理论和创业经验，是个体创业素质的基础要素。创业知识主要涉及经营管理、法律、工商、税收、保险等知识以及其他社会综合知识。创业的过程本身就是一个学习的过程，创业知识结构的完善和丰富需要个体边实践、边学习、边提高，这一过程也是一个终身学习的过程。

（3）创业技能结构。国际劳动组织对创业技能做了如下界定："创业和自我谋职技能……包括培养工作中的创业态度，培养创造性和革新能力，把握机遇与创造机遇的能力，对承担风险进行计算，懂得一些公司的经营理念，例如，生产力、成本以及自我谋职的技能等。"根据这一界定，我们可以将创业实践活动所需的技能主要分为组织管理能力、开拓创新能力、风险评估与承担能力，其中，开拓创新能力是在创业技能结构中最为重要的部分，也是创业素质构成中的核心内容。因为创业意味着突破资源限制，创造新的机会，而其中的原动力就来源于创新。开拓创新能力的强弱是衡量创业素质高低的重要指标，也是学校在学生创业素质培养中应着重加强的重要内容。

（4）创业品质结构。它是指个体在创业实践中将对创业活动的坚定信念和执着精神，演化为其内在的相对稳定的价值观念，并凝聚为其内在的个性特征和道德品质。这种创业品质既包含对个体创业实践活动的心理和行为起调节作用的个性心理品质，也包括个体所彰显的以创业精神为核心内容的创业道德品质。当个体创业社会知识结构得到丰富，创业技能得到提升，创业意识有所提高时，个体创业素质也得到发展。美国百森商学院的杰弗里·蒂蒙斯认为，真正意义上的创业教育应当着眼于"为未来的几代人设定'创业遗传密码'，以造就最具革命性的创业一代作为其基本价值取向"。这里所称的遗传密码，就是指以创业精神为内在表现的创业品质的传承问题，它也是评价创业素质教育成功与否的关键环节。

3. 创业者应具备的素质

创业是具有挑战的社会活动，是对创业者自身的智慧、能力、气魄、胆识的全方位考验。一个人要想获得创业的成功，必须具备基本创业素质。

（1）强烈的创业意识。有了创业必备知识并不等于创业能成功，创业成功的因素很多，因素之一就是要有强烈的创业意识。俗话说，一切靠自己。这就要求创业者挖掘自己大脑的潜力，对创业产生强烈欲望，形成强烈的思维定式，营造创业的氛围，积极为创业创造条件。

（2）自信、自强、自主、自立的创业精神。自信心是一个人相信自己的能力的心理状态，自信心关系着一个人的成功与否，没有自信心是很难成功的。创业者要认真学习"潜能教育理论"和"成功教育理论",培养和坚固自己创业的自信心,最大限度地挖掘和发挥潜能,成就自我,享受人生。创业者还要有自强、自主、自立精神,要通过多种形式学习创业成功者的优秀品质,深刻领会他们在创业过程中经历的风险。

(3)竞争意识。天地万物无不生存在竞争之中,是生存的竞争促进了生物的进化,是残酷的发展竞争孕育了现代社会的文明。人类正是在生存竞争之中学会了制造使用工具,不断丰富发展了自己的大脑。没有竞争就没有发展,没有竞争就没有进步,没有竞争就没有优胜劣汰。

(4)强烈的责任意识。没有责任感的员工不是优秀的员工。创业者要将责任根植于内心,让它成为脑海中一种强烈的意识,在日常行为和工作中,这种责任意识会使创业者表现得更加卓越。责任感是由许多小事构成的,但是最基本的是做事成熟,无论多小的事,都能比以往任何人做得更好。对自己的慈悲就是对责任的侵害,必须去战胜它。创业者要立下决心,勇于承担责任。

(5)决策能力。决策能力是创业者根据主客观条件,正确地确定创业的发展方向、目标、战略以及具体选择实施方案的能力。决策是一个人综合能力的表现,一个创业者首先要成为一个决策者。创业者要考察众多的行业及产品,对创业的行业及产品进行分析、判断,去粗取精,去伪存真,由此及彼,由表及里,能从错综复杂的现象中发现事物的本质,找出存在的问题,分析原因,从而正确解决问题。这就要求创业者具有良好的分析能力,同时还要有判断能力。判断是分析的目的,良好的决策能力是良好的分析能力和果断的判断能力的综合。通过分析判断,提出目前最有发展前景和将来大有发展潜力的行业,决定创业的行业和产品。

(6)经营管理能力。经营管理能力涉及人员的选择、使用、组合和优化，也涉及资金聚集、核算、分配、使用、流动。经营管理能力是一种较高层次的综合能力，是运筹性能力。经营管理能力的形成要从学会经营、学会管理、学会用人、学会理财几个方面去努力。

二、新型职业农民的创业路

1. 紧抓农业创业机遇

中国是一个农业大国。所谓"三农"问题，是指农业、农村、农民这三大问题。"三农"问题的解决必须考虑农业自身的体系化发展，还必须考虑三大产业之间的协调发展。"三农"问题的解决关系重大，不仅是农民朋友的期盼，也是目前党和政府关注的大事。

近年来中央"一号文件"都锁定在"三农问题"上。按照"坚持以人为本，加强农业基础，增加农民收入，保护农民利益，促进农村和谐"的目标和取向，利用好农业政策平台是农业创业者必走的"捷径"。其特点是操作性强，导向明确，重点突出，受益面大。在这个情况下，农业创业者则面临着前所未有的政策机遇，这些优惠的农业政策为农业创业者进行创业，提供了良好的创业机会。

2. 正确选择农业创业项目

了解了农业创业的优势后，创业者在创业时要做的第一件事情就是要选择做什么行业，或者是打算办什么样的企业，如在土地里选择种植什么、池塘里选择养殖什么、利用农产品原料加工成什么新产品、为农业生产提供什么服务等，也就是要选择农业创业项目，这是创业者在创业道路上迈出的至关重要的第一步。在选择农业创业项目时，应注意以下方面。

（1）选择国家鼓励发展、有资金扶持的行业。这是选择好项目的先决条件。因为国家鼓励的行业都是前景好、市场需求大、加上资金扶持，较易成功。如现代农业、特色农业正是我国政府鼓励发展的行业。

（2）选择竞争小、易成功的项目。创业之初，资金、技术、经验、市场等各方面条件都不是很好时，如选择大家都认为挣钱而导致竞争十分激烈的项目，则往往还没等到机会成长就被别人排挤掉了。成功的第一个法则就是避免激烈的竞争。

目前，人们的传统赚钱思路还在于开工厂、搞贸易上，因而关注、认识农业的人很少、竞争很小，只要投入少量的资金即可发展，有一定的经商经验及文化水平的人去搞农业项目，在管理、技术及学习能力上都具有优势。比现在从事农业生产的农民群体更容易成功。

（3）产品符合社会发展的潮流。社会在发展，市场也在变化，选择项目的产品应符合整个社会发展的潮流，这样产品需求会旺盛。目前我国的农产品价格还处于较低的价位，随着经济和生活水平的不断提高，人们对绿色食品、有机食品的需求会越来越大，产品价格也会逐步走高，上升空间大，经营这些项目较易成功。

（4）技术要求相对简单，资金回笼快。对于中小投资者而言，除了资金回笼快、周期短，同时项目成功的因素还取决于其技术的难易程度，这也是保证项目实施顺利、投资安全的因素，因此，选择技术要求相对简单的种植、养殖加工项目风险较小。

（5）良好的商业模式。商业模式是企业的赚钱秘诀。好的商业经营模式可以提供最先进的生产技术和高效的管理技术以及企业运营良好方案，这样可省去自己摸索学习的代价，能最快、最好、稳妥地产生效益。

3. 制订创业计划

在寻找到创业项目之后，形成一份创业计划书是必不可少的。因为有创业项目后，还必须考虑合适的创业模式、恰当的人员组合和良好的创业环境。制订创业计划，就是使创业者在选定创业项目、确定创业模式之前，明确创业经营思想，考虑创业的目的和手段，为创业者提供指导准则和决策依据。

创业计划是创业者在初创企业成立之前就已经准备好的一份书面计划，用来描述创办一个新的风险企业时所有的内部和外部要素。创业计划通常是各项职能如市场营销计划、生产和销售计划、财务计划、人力资源计划等的集成，同时也提出创业的头三年内所有长期和短期决策制定的方针。

创业计划也是对企业进行宣传和包装的文件，它向风险投资企业、银行、供应商等外部相关组织宣传企业及其经营方式；同时，又为企业未来的经营管理提供必要的分析基础和衡量标准。在过去，创业计划单纯地面向投资者；而现在，创业计划成为企业向外部推销自己的工具和企业对内部加强管理的依据。

4. 实施创业计划

通过策划和调研，真正确定了创业的项目，制定了创业计划书，开始实施创业计划时，你必须对创业规模、组织方式、组织机构、经营方式等方面做出决策，这将涉及一系列具体的问题，包括资金筹措、人员组合、场地选择、手续办理等。

【案例】

中国出现农民工"回流潮" 农村"新天地"大有作为

来自广西（广西壮族自治区的简称，下同）柳州市鹿寨县寨沙镇的农民工莫春红是当地小有名气的创业能手。她借助农民工创业担保贷款起步，利用本地特色农产品的优势，让家乡头菜走上了产业化发展的道路。

因家庭贫困，莫春红自 2000 年高中毕业后就一直外出务工。虽然是个"打工妹"，但她勤奋好学，积累了不少经验和技术，之后毅然加入"回流军团"。她说，现在的农村发展很快，资源很多，国家正在推进农业供给侧结构性改革，回到农村创业也会闯出一片新天地。

目前，莫春红在家乡创立了一家土特产品加工厂，并注册商标品牌，按照"公司＋农户"的模式运作，年生产能力达400吨，带动乡亲3 000多人就业。她的企业获得"头菜种植加工厂示范基地""返乡农民工创业品牌基地"等称号。

广西是农村劳动力转移就业输出大省。广西人力资源和社会保障厅官员介绍，近年来，受国内经济下行压力增大和东部发达地区实施大规模"机器换人"计划影响，广西农民工返乡人数不断增多，形成"回流潮"。

据国家统计局广西调查总队对广西14个市62个县（市区）抽样调查结果显示，2016年广西农民工数量达1 231.8万人，其中本地农民工（本乡镇内）333.6万人，比上年增加33万人，连续两年呈现农民工"回流"现象。据估算，近几年，广西每年有3%左右农民工返乡创业就业，大部分选择自主创业。

广西农民工返乡创业主要涉及种养殖、商贸服务、餐饮旅游、物流加工等行业。广西人力资源和社会保障厅称，截至2016年12月底，广西农民工创业担保贷款总量达到8.2亿元，帮助1万多人实现了创业梦想。

除广西外，湖南、陕西、重庆、河南等地亦出现农民工返乡"回流潮"。从坐着火车到城里打工，到开着汽车返乡创业，中国农民工群体正在发生新的变化。

农历鸡年春节过后，中国各地相继迎来招聘热，多地专门为返乡人才举办返乡就业"春风行动"，开设"绿色通道"提供创业便利。与之形成对比的是，不少北上广和东部沿海城市的一、二线城市企业，则在中国多个城市跨区域招聘，用"高福利"揽才以缓解"招工难"。

全国政协委员、人力资源和社会保障部原副部长杨志明在2017年全国两会期间受访时表示，中国2016年约有200万人具一定资金、技术、营销渠道、办厂能力、乡土情感的农民返乡创业。

农业部部长韩长赋在2017年全国两会"部长通道"上接受媒体采访时表示："现在确实有个新词叫'城归'，就是农民工返乡创业，大学生、科技人员下乡创业成为一种新的社会现象。"

此前，国务院办公厅已专门下发支持农民工等返乡下乡人员到农村开展创业创新给予政策支持的文件，包括简化市场准入、改善金融服务、加大财政支持力度、完善社会保障政策、强化信息技术支撑等措施。

三、新型职业农民创业素养的提升

1. 提高农民的文化科学素养，增强农民就业创业能力

各级政府和有关部门务必把农民教育培训作为培育新农民、保稳定、促增长、促和谐的一件大事来抓，大规模地开展农民技能培训，努力使走出去的农民具备较强的务工技能，留下的农民掌握先进适用的农业技术，搞创业的农民掌握一定的经营管理知识。

2. 开展农民培训，提高创业科技含量

结合现代农业发展需要和新农村建设的要求，以现代农业科技培训为主，加大现代信息技术、生物技术等培训力度，通过实施农民知识化工程，开展送科技下乡等方式，把技术、信息等送到农民手中，培养造就农业科技带头人，引导、推动农民"科学创业""科技兴业"。

3. 整合教育资源，培育新型务工农民（产业农民）

一是把思想品德教育和职业道德教育作为即将走向社会的初、高中毕业生的必修课程进行学习和培训。二是以职业技校为阵地，依托"阳光工程""绿色证书"等载体对农村劳务输出人员进行务

工技能实践培训。三是以企业为载体，开展与主导产业相关的农民实用技术培训和与企业用工相关的职业技能培训，做到"谁招工谁培训、谁培训谁录用"。四是将新型农民培育与社会自主办学有机地结合起来。一方面由学校出"菜单"，根据市场需求有针对性地开展各类实用培训，免费推荐其就业；另一方面由用人单位下"订单"，满足企业用工需求，增加农民就业机会。

4. 调整培训方向，促进创业项目孵化

按照试点先行、点面结合分散创业与集中创业相结合的方式，抓好创业农民培训后的扶持工作，立足资源禀赋和区位特点，面向市场需求，对有优势、有特色的创业项目进行产业孵化，并引导资金、政策、人才等资源向其倾斜，以提升农民创业能力，提高创业成功率，促进社会和谐，为社会创造更多的财富，推动经济社会又好又快发展。

第四节　信息素养：信息社会的呼唤

信息素养是新型农民的必备素养，也是新农村建设的基本要求。为适应现代信息社会的要求，应积极推动农民信息素养的培养。

一、信息素养的内涵

"信息素养"的本质是全球信息化需要人们具备的一种基本能力。简单来说，是指能够判断什么时候需要信息，并且懂得如何去获取信息，如何去评价和有效利用所需的信息的一种能力。

信息素养可以从下面两方面理解。

（1）信息素养是一种基本能力。信息素养是一种对信息社会的适应能力。21世纪的能力素质，包括基本学习技能（指读、写、算）、信息素养、创新思维能力、人际交往与合作精神、实践能力。信息素养是其中一个方面，它涉及信息的意识、信息的能力和信息的应用。

（2）信息素养是一种综合能力。信息素养涉及各方面的知识，是一个特殊的、涵盖面很宽的能力，它包含人文的、技术的、经济的、法律的诸多因素，和许多学科有着紧密的联系。信息技术支持信息素养，通晓信息技术强调对技术的理解、认识和使用技能。而信息素养的重点是内容、传播、分析，包括信息检索以及评价，涉及更宽的方面。它是一种了解、搜集、评估和利用信息的知识结构，既需要通过熟练的信息技术，也需要通过完善的调查方法、通过鉴别和推理来完成。信息素养是一种信息能力，信息技术是它的一种工具。

二、运用平台信息把握市场脉搏

1. 农业进入信息化

农业是国民经济的基础，农业信息化是国家信息化的重要内容。通过改革开放 30 多年的发展，我国农业在基本解决温饱的同时，农业效益下滑，农民增收乏力，农村剩余劳动力转移受阻，农业生态环境恶化等许多问题已有不断激化的趋势。这充分表明，传统农业发展模式已无法实现或者说延缓了中国的农业现代化，农业信息化已成为促进农业现代化发展的重要契机。

农业信息化是指充分利用计算机技术、网络通信技术、数据库技术、多媒体技术、物联网技术等现代信息技术，全面实现各类农业信息及其相关知识的获取、处理、传播与合理利用，加速传统农业改造，大幅度提高农业生产效率和科学管理水平，促进农业和农村经济持续、稳定、高效发展的过程。

为深入推进"互联网＋"现代农业行动，农业部先后会同国家发展改革委（国家发展和改革委员会的简称）、商务部、中央网信办（中央网络安全和信息化领导小组办公室的简称）等部门制定《"十三五"全国农业农村信息化发展规划》等系列文件，明确"十三五"工作思路和重点；组织召开全国"互联网＋"现代农业工作会议暨新农民创业创新大会，用创新、跨界、融合、开放、共享的互联网思维深化全社会对"互联网＋"现代农业的认识；发布"十三五"农业农村信息化发展主要指标，研究构建农业信息化标准体系，组建信息进村入户工作推进组，在生产、经营、管理、服务等方面全面推进农业信息化发展，取得了阶段性成效。这说明农业真正进入了信息化。

【案例】

借互联网络 建"智慧三农"

拿起手机就能了解土壤墒情，还可远程操控实施智能化喷灌、温控等操作——记者在重庆市铜梁区南城街道黄桷门奇彩梦园看到了这样的一幕，这是铜梁区智慧气象物联网系统服务的138个新型农业主体之一。

奇彩梦园相关负责人赵经理告诉记者："以往依靠经验判断作物生长情况和大棚内环境，现在通过气象物联网就能直观和精确地对棚温和湿度进行监测和控制。"

以花卉大棚灌溉为例，通过手机智慧气象 app 及时监控棚内温度及湿度变化，再通过智能灌溉系统实施远程控制，育苗温室内幼苗存活率可提升 20%，不仅每年可增加收入 15 万元，还可节约人工成本 25 万元。

铜梁区气象局副局长刘晓冉介绍，该区的智慧气象服务涵盖了采集、传输、数据处理和预警系统，结合了物联网技术和现代气象科技的优势，可实现对空气温度湿度、土壤湿度和水产养殖的水质监测。如果与智能控制结合，还能帮助经营者实现及时的远程操控和应急响应。

铜梁区智慧气象物联网是重庆市利用互联网建设智慧三农的一个新手段。自2016年起，重庆市农委从市级农发资金中切块200万元，在万州、渝北、江津等10个区县分别开展水稻有害生物监测、设施种苗生产、设施蓝莓栽培等10个农业物联网技术示范，并成功研发上线市级物联网集成平台，提高特色农业生产智能化水平、实现节本增效目标。

　　要借互联网发展三农，推进农业信息进村入户是关键。最近两年，农业市场信息化正逐渐融入重庆市农村居民的日常生产生活。重庆市在荣昌区、梁平区、江津区、石柱县、酉阳县5个区县先后开展农业信息进村入户整县示范工作。"信息服务站可为村民提供便民服务、电商服务、公益服务、培训体验服务4个方面的服务。"重庆市农委市场与经济信息处调研员娄宇芳介绍，服务站不仅可为村民代买家电、农资、生活用品等，还可为村民提供电商培训，帮助村民实现产业发展。另外，服务站配套的12316热线还可实时为村民解答农业政策法规、产业技术等各方面的疑问。据了解，重庆市目前已建成502个村级信息服务站，培训信息员5 491人次，电子商务成交额达1.2亿多元。

　　据了解，下一步，重庆市将进一步推进农村信息基础设施建设，2017年有望实现4G网络全覆盖；加快信息进村入户，推动农村基层政务信息实现乡镇全覆盖，为140余万名农民工及返乡大学生提供就业信息服务，为5万余名留守儿童提供关爱信息服务，为700余万农户提供益民信息服务。

（来源：《经济日报》2017年3月14日）

　　2. 发布农产品市场信息

　　农民朋友可以将自己所有的关于农产品、农业生产资料的供应、需求信息公布到相关媒体上，以期得到相应的货源或销售渠道，这就是信息发布。

常用的信息发布渠道包括报纸、杂志、广播、电视、网络等。目前，权威高的网站有：全国农产品批发市场价格信息网、12316农业综合信息服务平台、发发28农产品信息网（网址：http：//www.fafa28.Com/）、农享网（网址：http：//www.nx28.com/），这些网站都能免费注册发布供求信息，还可加入地方商圈、行业商圈，让你更快捷、更方便地做生意。

此外，一些更容易传播信息的发布手段如电子邮箱、QQ、聊天室、博客、微信、视频、网店等现代网络信息发布的形式越来越受到消费者的欢迎。

3. 农产品市场信息的分析和判断

随着信息技术的迅猛发展，农产品市场信息对农产品产销影响巨大。因此，提高广大农产品生产者对市场信息分析和判断能力，满足市场需求信息，可推动农产品市场营销。

目前，最权威的是农业部主办的"中国农业信息网"（图3-2）。据农业部市场与经济信息司司长唐珂介绍，从2017年1月起，农业部将在前期工作基础上，系统整合农产品市场分析预警产品，持续开展农产品市场信息权威发布，一是每日发布"农产品批发价格200指数"及重点监测的鲜活农产品批发市场价格，二是每周发布包括"农产品批发价格200指数"及重点监测的鲜活农产品批发市场价格、国际大宗农产品价格，三是每月发布包括玉米、大豆、棉花、食用植物油、食糖5个品种的供需平衡表，水稻、小麦、玉米、大豆、生猪等19个品种的供需形势分析月报和"农产品批发价格200指数"。

农产品生产有很强的周期性、季节性，很容易出现"多了多了、少了少了"，这么多年来这个问题始终没有得到很好的解决。通过发布重点农产品市场信息，增强市场的透明度，可以引导农民合理安排生产。

"中国农民经纪人网"（图3-3）网站上有"农产品信息"

图 3 - 2 中国农业信息网

"供求信息""进出口信息"以及 26 个不同类别的"交易平台"等栏目,这个网站上面还有很多与农产品经纪人有关的专门的知识介绍,值得农民朋友去看看。有时信息是矛盾的,这是因为地域、时间、气候和其他未知因素的影响造成的。当然也会有虚假信息,所以要学会分析和判断,并做出正确的决策。

图 3 - 3 中国农民经纪人网

三、农民信息素养培养的途径

1. 逐步培养农业劳动者的信息意识

抓住农业和农村经济对信息的迫切需求开展农民教育培训，注重实效，循序渐进，重点突破，继而带动全局。要以农业企业信息化为突破口，在有条件的地方积极开展应用示范，努力营造学习信息技术、运用农业信息的氛围，使农民大学生在学习信息技术、运用农业信息的过程中，实实在在地感觉到自己在受益。

2. 依托农村党员干部现代远程教育平台提高农民信息素养

以计算机技术、多媒体技术和现代通信技术为标志的农村党员干部现代远程教育平台已基本覆盖浙江省每个村镇，从而打破了时空界限，创设了个体化学习环境，有效地弥补了当前农村教育资源短缺的不足，为开展农民素养教育提供了全新的教育手段，是加快农村信息化建设，实现信息直通基地、直通农村、直通农户的有效途径。通过农村党员干部现代远程教育平台，大力开展新农村建设的教育和宣传，增强政府管理部门及生产经营者的信息意识和信息综合利用能力。基层政府是新农村建设的组织管理者，同时也是信息服务的重要提供者，其管理人员的信息意识和信息利用能力对推进新农村建设起着决定性的作用。要通过多种形式的宣传、教育，提高政府部门工作人员对信息的重要性、严肃性、风险性、时效性的认识。积极鼓励农村基层干部参加现代远程教育的学习，不断提高他们的科技文化素养和信息意识，对加强农村基层党组织和干部队伍建设、促进农村经济的发展具有十分重要的意义。

3. 利用各类农民教育培训资源提高农民信息素养

充分利用县（市、区）社区学院和乡镇社区教育中心、村民学校，把农民信息素养的培养充实到农民素养提升工程、农村劳动力转移培训和农村实用技术培训，有意识地提高农民信息素养。

针对新农村建设的需要，调整专业人才培养结构，重点培养一批能适应国际市场、把握市场信息和能运用现代化管理技术的农村经营决策人才，培养一批有信息技术实际操作能力的基层工作人员。同时，现代信息技术作为农业信息化建设的必备基础，现代信息技术课程应列入农村成人教育各专业的教学计划，使农民大学生尽快掌握运用现代信息技术的基本知识和技能，培养出多层次的农村信息应用人才。

　　4. 建立农村信息化培训网站，实施在线培训

　　农村信息化过程需要一大批既精通网络技术，又熟悉农业经济运行规律的专业人才，能为农产品经销商提供及时、准确的农产品信息，能对网络信息进行收集、整理，能分析市场形势、回复网络用户的电子邮件、解答疑问等。而农村信息技术的面授培训受到师资和时空条件的限制，培训数量有限，难以适应农业信息化建设对信息技术和服务人员的需求。因此，为了长期为广大的农业龙头企业、农产品批发市场、中介组织和经营大户提供网络知识和信息技术的培训，为广大农村计算机爱好者提供交流的场所，必须建立农业信息化培训网站。通过这一虚拟空间，大家不仅可以学到许多计算机及网络知识，而且可以获得大量的信息，学员们通过相互交流学习体会、交流致富经验，真正起到培养信息意识、学习信息技术和农村致富的桥梁作用，也丰富了农村的文化生活。

模块四 弘扬乡风文明
彰显乡村之魂

第一节 优良家风：家庭最宝贵的精神财富

一、优良家风的内涵

1. 家风的概念

家风又称门风，是一个家庭在世代繁衍过程中逐步形成的较为稳定的生活作风、生活方式、传统习惯、道德规范和为人处世之道的总和。

良好的家风是优良品质在家庭中的积淀和传承，是家庭留给每个成员的宝贵精神财富，古有仁智礼义信，今有勤孝谦和思，良好家风因背景各异，也各有千秋：或仁爱宽厚，父慈子孝，兄弟和睦，邻里友爱；或克勤克俭，常怀一粥一饭来之不易之念，靠勤奋兴家聚业，讲节约精打细算；或本分做人，不为富动，尽职敬事，诚信待人。以上种种，在无形中影响着家人，让子女终身受益，其价值取之不尽，用之不竭。

2. 优良家风的表现

从我国优良的传统道德和古代的家训和家风中，特别是从许许多多的革命家风中，结合我们现代社会生活和家庭美德的要求，可以认识到，一个文明、和谐、健康、向上的家风，一般来说要包括以下几个方面的内容（图 4 –1）。

图4－1　家风

　　（1）孝敬父母的风尚。中国传统道德和家风，特别重视对父母的孝敬（图4－2）。从一个人的成长来说，在从儿童、少年到青年的很长时期内，是在父母的抚养、教育和关怀下成长的。父母对子女的爱，是纯真的。在很多情况下，父母为了关心和照顾自己的子女，往往要做出很大的牺牲。正是在这个意义上，中国的思想家们认为，孝敬自己的父母，也是子女的一种起码的义务和责任，是一个人有没有"道德良心"的重要体现。如果一个人对抚养、关心、教育他的父母都没有"爱心"，又怎么能希望他去爱别人、爱人民、爱国家、爱社会呢？中国的思想家们强调，孝敬父母是一切道德的出发点，离开了对父母的孝敬，也就不可能有什么道德。孔子以及后世的儒家，对"孝"做了极其详细的阐述。"孝"，不但是赡养，而且要"敬"；不但要养体，而且要"养心"，等等。宋、明朝以后的儒家，把"孝"变成了"愚孝"是错误的。但正确地理解孝敬父母的内容和要求，形成新的"孝敬父母"的风尚，对于我们的社会，仍然是必要的。我们今天提倡要孝敬父母，绝不是要回到家长制的等级关系中，而是要提倡一种文明、平等的新关系。如果父母的言行是错误的，是不符合我国社会的法律和道德的要求的，子女不但不能顺从，而且应当提出自己的正确意见，来加以纠正。

图 4 - 2　孝敬父母

（2）尊老爱幼的风尚。尊重老人，是中国传统家庭美德中的一个重要内容。从古代的夏、商、周开始，直到中华人民共和国成立，尊老和敬老，一直是中华民族所重视的一种道德风尚。孟子就一再提倡要使"七十者衣帛、食肉"，要使"颁白者不负载于道路"。中国古代的《礼记》还规定："九十者，天子欲有所问，则就其室，以珍从"等。这就是说，如果国家的最高统治者要向 90 岁的老人请教问题，必须要亲临其家，还要带上时鲜珍品作为礼物。在传统家庭美德中，不但对老人尊敬，而且在"长"和"幼"之间，也有先后的次序。《礼记·曲礼上》中说："年长以倍，则父辈事之，十年以长，则兄事之，五年以长，则肩随之"。这就是说，比自己年长一倍的人就应当像对待自己的父辈一样来对待；比自己年长 10 岁的人，就应当像对待自己的兄长一样来对待；比自己年长 5 岁的人，在同他一起并行时，一定要跟随在他的后面。按照这样的要求，在家庭中，不仅要孝敬父母，还要尊敬兄长；在社会上，不仅要尊敬老人，还要尊敬所有比自己年龄大的人。当然，在尊老的同时，也要强调爱幼。爱幼就是要正确地关心、爱护和教育子女，要爱子有道，反对宠爱、溺爱和放纵失教。在当前的新时代，批判地继承中国的这一优良道德传统，提倡新的尊老爱幼的美德，仍然有重要的意义。

（3）勤俭持家的风尚。一般来说，能不能勤俭持家，是一个家庭能否保持兴旺发达的一个重要关键。一个经济上贫困的家庭，如果能够勤俭持家，就能够逐渐由贫困转入富裕；一个经济上比较富裕的家庭，只有厉行勤俭持家的家风，才能较长时期保持长盛不衰。"勤俭"主要包括两个方面的内容：一个是勤劳，就是要勤勤恳恳、热爱劳动，不但把劳动看作是谋生的方式和获得财富的手段，而且把劳动视为一种高尚的道德品质，以勤劳为光荣；另一个是俭朴，即不奢侈、不浪费、不挥霍、不铺张，不贪图安逸、不追求享乐，即便经济上非常富裕，也仍然以俭朴为荣。勤俭不是一种管理家庭的方法，而是一种崇高的道德品质，这两个方面是相互为用和相辅相成的。历史经验证明，一个家庭如果不能养成艰苦朴素、勤俭持家的家风，子女就必然奢侈浪费，不但不能培养出有作为的子女，而且一个家庭也会很快地走向衰落。

（4）诚实守信的风尚。诚实是一个人的立身处世的根本，也是家风的一个重要方面。在家庭教育中，应当特别注意培养子女从小树立诚实守信的品德。如果没有良好的家风的培育和陶冶，一个学会了说谎和欺骗的儿童，长大了以后，就很难成为一个能够诚实守信的人。中国古代思想家十分重视"诚信"在家庭生活和社会生活中的重要地位。"人而无信，不知其可也"，"民无信不立"，家庭也是一样。在中国古代的家风中，流传着"曾父烹豚，以教诚信"的故事，充分说明诚信在家风中的重要意义。从一定意义上说，有了诚信的家风，就能够培养和陶冶具有诚信品德的人才。诚实守信是市场经济正常运行的最基本、最重要的条件，也是每一个人都应当遵守的一个基本原则。如果不遵守诚实守信这一市场经济的基本原则，伪劣假冒和坑蒙拐骗就会盛行，市场经济也就无法正常运转。因而，诚实守信也是一个重要的社会公德；强调诚实守信的家风的培育，能够对社会公德发生积极的促进作用，有利于全社会道德水平的提高。

（5）勤奋好学的风尚。"励志勉学""诗礼传家"，是中国家风中的一个更重要的要求。它不但在知识分子的家庭中，在广大劳动人民的家庭中，"识书知礼"也成为人们所追求的一个高尚目标。"孟母三迁，断机教子"，就是说的孟轲的母亲如何多次搬家，并因为他中断了学习而割断了织机的故事。一个养成了勤奋好学家风的家庭，就能使所有的家庭成员，将一切可能利用的时间和精力，用在对知识的追求上，就能使每一个人在勤奋好学中不断得到提高。在家风中，"勤奋好学"，一般有两个方面的内容：一是学习文化和科学技术知识，一是学习有关思想道德修养方面的知识。在中国传统道德的家风中，尤其重视道德品质的陶冶，认为在子女幼小时，及时地加强思想品德方面的教育，以家长自身的言传身教为示范，在家庭生活的潜移默化中，陶冶儿童的性情，塑造儿童良好的道德品质。

一个良好的家风的形成，能够为社会培养更多更好的有用人才。一个人在幼小时的教育，对他的影响最深，其效果也最好。我们之所以说，教育要从娃娃抓起，也就是这个道理。在中国历史上，有无数多的实例，如孟轲、曾参、陶渊明等著名的思想家、文学家，都是在良好的家风中培养的。

【案例】

农民肖高升的家风

坚守土地，科技致富

肖高升家世代为农。从小经历过苦难和饥饿的肖高升深深知道土地对农民的重要性，任何时候都丢不下家里的"一亩三分地"。在他看来，土地不但是命根子，也是金饭碗。他不光用土地养活了一家老小，还靠种植发家致富。

肖高升家祖孙三代九口人，一共有两亩多的口粮田，原先种粮食，每年收成都不错。但随着国家政策和农村形势的变化，尤其是县委、县政府结合县情，引导农民发展多种经营，让肖高升不再满足于种粮糊口、靠天吃饭，不过他没有像别的家庭，闲置土地外出打工，而是看准特色种植，用土地做"文章"。他先是小面积试种农村常见的桃子、李子、杏子，尝到甜头后，不断扩大种植面积，最后把全家人的田地全部用来种花卉、瓜果和苗木，品种达20多个，特别是成功引进美国的黑葡萄，年年供不应求。为了管好苗圃和果园，实现增产增收，文化程度不高的肖高升，坚持自学科技知识，将书本上学来的东西灵活运用到制种、管苗、修剪、除虫、灭草等种植环节中。渐渐地，他成了全村人眼里的"农艺师"，还被请到邻省陕西、重庆等地为农民讲课，成为远近闻名的"农民果王""农民技师"和"农民教授"。

在肖高升的带动下，大儿子高中毕业后，留在父亲身边学习花卉栽培和果树种植；二儿子高中毕业，主动帮助父亲和哥哥跑市场、搞销售。两个儿子成家后，又动员妻子共同帮助父亲打理花果苗圃。

大孙子肖金唐，是位90后，在广州上大学，虽然学的是机械制造，但在父母"土地也能长出金娃娃"的说教下，每年假期都早早回家，跟着爷爷学习葡萄栽培、果苗嫁接和盆景修剪，时间一长，自然也成了"土专家"和"田秀才"。

注重家教，传承家规

走进肖高升的家，堂屋里"家和万事兴"与"和谐中国"的字画，透露出这个农民家庭的家风和信仰。

作为一家之主，古稀之年的肖高升除了勤学政策、苦钻科技，免费向乡邻传授种植技术，深受大家好评，还注重传承家规家训，树立家教家风。

在这个大家庭里，无论男女老少，注重以德修身，讲究以和为贵。肖高升的老伴今年65岁，在一次上楼为邻居拿粮盖（一种农具）时，摔伤了腰部并成为旧疾，此后不管地里的活多忙多累，肖高升都不叫她帮忙，老伴也总是把家里收拾得井井有条，尽力搞好后勤服务，让肖高升专心管理果园。老两口不但相濡以沫，而且孝老爱亲，肖高升的叔叔名下没有子女，肖高升和老伴就成了他的"儿子儿媳"，夫妻二人除了平时让老人吃饱穿暖，还为他养老送终。在肖高升的言传身教下，两个儿子和儿媳相敬如宾，同样尊敬老人，每年春节后，儿子儿媳都要领着孩子来到父母身边，一家人坐在一起，商讨当年的家庭目标和种植计划。

为了端正家风，传承家教，肖高升告诫儿孙们，要爱党爱国、遵纪守法、正直淳厚、乐于助人。对前来求技术、要种苗、打听致富门路的农民，肖高升从不拒绝，甚至管吃管住。但对那些心术不正的人，他却冷冰冰的，因此也得罪了不少人。有一次，大儿子带回一位朋友，想要几盆盆景"玩玩"，听说此人是游手好闲之辈，肖高升婉言谢绝。儿子觉得脸上挂不住，肖高升说："本分做人、善交益友是肖家的祖训，结交这样的朋友只会让你染上好逸恶劳的恶习！"，儿子听后，开始明白了父亲的苦心。

耳濡目染肖高升热心帮助他人共同致富，晚辈们对上门求教的人总是笑脸相迎，以礼相待，邻居们都称赞这是一户"好人家"，肖高升家先后当选为"湖北省科技示范户"和竹溪县"勤劳致富先进家庭"。

勤俭持家，保持本色

肖高升常对家人说：饮水当思源，做人不忘本，他要求儿孙们无论何时何地都要记住自己是农民的后代，艰苦朴素、勤俭持家，并因此立下三条"家规"。一是不准贪玩，平时除了用心管理果园和苗圃，闲暇时间用来看报刊书籍、看电视新闻，了解党的方针政策、法律法规，掌握农业种植技术，做科技农民。二是不得嗜赌，无论是平时还是逢年过节，不管是在家里还是外出做客，都不得参与赌博游戏，要明白"君子爱财、取之有道"，做风尚农民。三是不可浪费，没有钱要勤劳致富，有钱时更要勤俭节约，宁可不讲吃穿，也要把钱用来投入种植、发展事业，做本色农民。

正是因为肖高升家教有方，一家人红红火火，成为村民们学习的榜样。

二、优良家风的重要性

家风是给家中后人们树立的价值准则；家风是一种潜在无形的力量，在日常的生活中潜移默化地影响着人们的心灵。家风在古代具有重要的地位，在现代人中也更应该重视。

1. 家风是社会道德的实践者

家庭对整个国家具有非常的意义，不但稳定国家和社会的秩序，同时，在国家遇到危难时，为国出征，剩下的家庭成员也担当了经济大后方的角色。当然，对家庭成员而言，家庭也需要积极的意义，例如，生育子女，老有所养。这些都是家庭所扮演的角色。可以说，家庭的存在无论是对个人还是对整个国家都具有极大的意义，因此，重视家风的传承，将会对整个家庭的未来产生影响。

也许，对年轻人而言，"家风"这个词代表着过去式，也没有人刻意去强调它的存在，久而久之，它便成为了前人的记忆，在现代社会中的存在感越来越低。须知，每个家庭都是社会的一员，家风不立，造就了整个社会风气的改变，拜金、啃老、不劳而获等价值观成为了一部分人的心中圣土，人们的道德观被颠覆，错与对、黑与白变得不分明，社会的道德底线一次又一次被冲破，人们的安全感也随之越来越弱，不得不每天生活在监控下，因为只有在这样的生活中，人们才会感到安全。究其原因，就在于好的家风从现代社会消失了，没有了优良的家风，人们的思想就少了一种正确价值观的指引。因此，家风是社会道德的实践者。

2. 家风是中华文明的见证者

古人一向注重家风，家风曾是古人立身的根本，是每一个家庭成员的价值观所在。在古人眼中，齐家就是树立良好的家风，因此，古人将家风视为齐家的核心所在，用良好的家风保持家族的传承。

在家风传承过程中，最重要的是行胜于言。只有言必信、行必果才能让家风真正地传承下去。

俗话说，"宰相家人七品官"。在封建社会，官位象征着财富，当然，不仅是为官者本人，就连身边的人也会因势而变得狐假虎威。如果为官者家风不正，那么，身边的人就会倚权仗势，横行不法。据《清仁宗睿皇帝实录》记载，乾隆时期的大贪官和珅不但自己贪没无数真金白银，就连他的大管家刘全，也查抄出资产超过20余万元，并有大珠及珍珠手串。

【案例】

司马光的家风

司马光以不慕奢华、不图富贵、不假公济私为家风根本。他用这样的家风要求自己，用行动去影响别人。

司马光素以俭朴自守。在他看来，荣华富贵只是浮云，他在洛阳编修《资治通鉴》时，所居的住所位于城郊西北的一个小巷中，这个居所的布置只能用简陋来形容，它的作用简单到仅能挡风遮雨。以致在炎热的夏天司马光无避暑之处，为此，他特意请工匠挖地丈余，用砖砌成地下室，读书写作其间。就是在这样的环境下，司马光完成了影响后世的《资治通鉴》。当时，当朝的大臣王拱辰也居住在洛阳，但他的居所却是凌天高耸，最上一层称为"朝天阁"，洛阳人戏称："王家钻天，司马入地。"邵康节则打趣说："一人巢居，一人穴处！"司马光并不觉得自己的居住有何寒碜，反而甘之如饴乐在其中。

司马光既不慕奢华，也不图富贵，两者都是司马光的家风根本，但两者却巧妙地互相见证。他的不图富贵，表现在能克制自己的欲望，从不收任何人送的礼，就连皇上的赏赐也不接受。仁宗皇帝临终前立下遗诏，赐予那些为朝廷做出贡献的大臣一笔价值百余万的金珠。司马光等均在被赏赐之列。这是一份可以心安理得地接受的富贵，但司马光却未从自身考虑，而是考虑到国家财力不足，便领衔上疏请免。力辞未果后，司马光只好将自己那份珠宝一部分交谏院充作公费，一部分用于接济亲友，自家分文未留。

3. 家风是齐家的实践与行动

中国人常讲：齐家治国平天下。齐家，是儒家思想传统中知识分子尊崇的信条。家的稳定和谐关系着整个国家的稳定，因此，齐家在今天而言仍具非同一般的意义。家风是齐家的精神所在。

家风的重要不仅仅体现在古人身上，身处现代社会的人也要有良好的家风，只有这样，才能真正做到齐家，让自己的家庭在好的家风影响下变得更加和谐，让每一个家庭成员从自身做起，洁身自好，从而提升整个家庭的道德修养。

优良的家风需要的不仅是演讲，更需要实践精神，没有实践支持的家风，既不会长久，也没有现实意义，只是无谓的空想，这也是人们强调行动重要性的根本所在。

我们每个人都能从家风当中看到自身的不足。以自我完善为基础，达到先齐家后治国的目的。家风是中国数千年文化的精华，它负责的是社会道德，人们的德行素质，在古代的思想当中，德行是重中之重的内容，虽然很多时候，人们无法实现平定天下的愿望，但却可以通过"穷则独善其身，达则兼济天下"来完善自我，正心修身。家风传承的是积极的人生态度，这也是传承数千年影响始终不衰的根本原因。

可惜的是，现代人不再强调家风的作用，甚至有些家庭根本没有家风的存在，这是可悲的。家庭是一个人成长的摇篮，我们每个人都深受家庭环境的影响，例如，有的家庭将善意的谎言当成无伤大雅的小玩笑，如果只是成年人之间的玩笑，也许后果并不会太严重，但如果有孩子在场，这个玩笑就有可能传递给孩子一种错误的信息，谎言也没什么大不了的。因此，强调家风，实践家风，成全的不仅是自己，还有自己的后代。

在现代社会当中，许多时代精英都要求子弟继承本家族的清白家风，在他们看来，无论何种成功，首先要在本质上成功，只有这样的成功才会长久。家风不应成为一种可有可无的存在，它需要进入我们的家庭当中，因此，现代人应重新树立良好的家风，让良好的家风去改变自己、影响他人。

三、优良家风的培养和传承

习近平总书记强调："不论时代发生多大变化，不论生活格局发生多大变化，我们都要重视家庭建设，注重家庭、注重家教、注重家风。"

1. 好的家规来规范

俗话说，没有规矩不成方圆。家庭也是一样。家规的表现形式主要是家训，由家中长者以文字或口头形式立言，为家中成员的道德行为提出规范性要求，作为代代相传的一种遵循。如历史上有名的《朱之家训》《颜氏家训》《曾国潘家训》等，至今仍备受推崇、广为流传。社会发展到现在，凡是有一定文化修养的家庭，都应提倡长辈以文字形式为后代立下家训。家训可简可繁，应因家制宜。"简"就是注重家风中的某个方面。"繁"就是对晚辈提出多方面的要求，涉及理想信念、修身养性、诚实守信、勤俭持家、宽厚待人、尊老爱幼、助人为乐等多个方面。有了家训，就有了遵循，长辈以此为教育内容，晚辈以此为行为约束，一个好的家风就会得到不断传承。现实中一些干部出问题，很多情况下都与治家不严有关。禁不住亲属子女的枕边风、撒娇风，在小问题上任由他们胡作非为，在大问题上对他们袒护纵容，不但毁了自己，也毁了整个家庭。作为亲人，关爱之心是必要的，但"爱必以其道"，作为领导干部必须从严治家，要时常教育家人严守法纪，绝不能为所欲为、随心所欲。

2. 好的家长行为来示范

家庭是每个人的第一所学校，且是终身学校。每个人学习做人做事，大都从学习家长的行为开始。作为一家之长，应当首先成为好家规的践行者，用自己良好的道德行为给晚辈做出榜样。只有这样，自己才有资格教育下一代，下一代也才能在潜移默化中受到良好家风的熏陶。每个家长都应严格要求自己，凡要求晚辈做的事情，自己要首先做到；凡要求晚辈不做的事情，自己要首先不做。在家庭中也要发扬民主，长辈做了有悖道德行为的事情，要允许晚辈提出批评，这对自己是一种警示，对晚辈则是一种明辨是非的历练。好的家风需要民主，有民主才能有好的家风。

3. 批判地继承传统家训

在我国古代，家风的传承往往是与家训家规结合在一起的。家训家规是一种以家庭为范围的教育形式，古已有之。我国历史上以家训为名的著述在南北朝就已出现，之后绵延不断，直至晚清民国，是我国教育文化的一个重要方面。我国古代刊印流传的家训作品，数量多、历史久、影响大，是中华传统文化的重要组成部分。大体说来，我国古代家教文化作品，以家训为名者居多，以家规等为名者相对少一些。在古代文化的知识分类中，成文的家训家规属于子部儒家类礼教之属；在成文的家训家规以外，还有家族内口传的不成文的家训家规。二者都促成了优良家风的形成，在历史上发挥着重要作用，共同构成中华民族的家教文化。一般说来，家训表达一个家庭的基本价值观，家规是家庭关系与活动的具体规范，二者常常互通互见；家风则体现家庭的整体道德风貌。

家庭是社会的细胞。古代家训家规的出发点是维护家庭和家族的有序和谐与繁衍发展，其实际教训功能包括树立基本价值观、培养道德意识、造就人格美德。这使得它们成为古代以礼为教道德文化的重要组成部分，也成为中华道德文化传承在社会层面的保证。批判地继承和弘扬这一具有特色的历史文化遗产，具有重要现实意义。我国古人的家教特别重视道德养成和价值观引导，尤其突出传统美德教育。这些都是值得重视的经验，应当继承发扬。当然，由于历史的局限，有些家训家规的内容已经过时。对待古代家训家规，我们应取其精华、弃其糟粕，批判地继承和弘扬。

第二节　文明乡风：乡村整体的文化素养

一、文明乡风的内涵

1. 乡风

乡风指的是一个地方人们的生活习惯、心理特征和文化习俗长期积淀而成的精神风貌，字面含义是风气、风俗、风尚，就是民风民俗。它既包括观念形态的信仰、观念、意识、操守，知识形态的关于社会和自然各方面的知识，也包括物质形态的生产、生活中物质对象的形制和功能特点，还包括制度形态的礼制、习惯、规约、道德规范等行为规范，属于文化的范畴，涉及人类生产、生活的各个领域、各个方面。从社会学意义上讲，乡风是由自然条件的不同或社会文化的差异而造成的特定乡村社区内人们共同遵守的行为模式或规范，是特定乡村社区内人们的观念、爱好、礼节、风俗、习惯、传统和行为方式的总和，并在一定时期和一定范围内被人们仿效、传播和流行。文明的乡风应以人为本，反映时代精神，顺应历史发展，并体现人文精神、时代精神、历史演进三者相一致、相协调。乡风不能用标尺来定位，也无法用金钱来度量，但当人们用自己的行为展示出纯洁、表达出诚意、折射出高尚时，乡风就成为一种无形的财富。

因此，无论从词义本身的角度还是从社会学的角度而言，乡风其实是一种依赖于特定农村区域的地理环境、社会生活方式及历史文化传统所形成的一种地域性乡村文化，即它是一个内涵十分丰富的文化概念。

2. 文明乡风

作为农村的一种区域文化，文明乡风直接反映了人们的思想观念和行为方式，是社会关系最外在的表现形式。文明乡风具有以下特征。

一是文明乡风的形成是一个自然的、历史的演进过程。文明乡风反映了人们自身的现代化的要求，是人们物质需要和精神需要得到相对满足的体现，是一种健康向上的精神风貌。同时，文明乡风反映了时代的精神特征，也体现了历史发展的要求。二是文明乡风是特定社会经济、政治、文化和道德等状况的综合反映，是特定的物质文明、精神文明和政治文明相互作用的产物。三是文明乡风建设是一个复杂的系统工程，它涉及社会经济、政治、文化和道德建设的各个层面。

3. 文明乡风的主体及培育

既然文明乡风体现的是以人为本的理念，反映时代精神并顺应历史发展，那么，文明乡风本质上体现的应该是人与人的关系，是农村或者农村社区范围内，居民之间、邻里之间及生产生活中所体现出的文明、祥和、和谐的社会关系。因此，文明乡风的主体是人，是农村居民或者农村社区居民，当然包括有文化、懂技术、会经营的新型农民，同时也涉及城镇、城郊农村的外来务工、就业人员。文明乡风主体培育是指在建设社会主义新农村的背景下，以科学发展观为指导，体现以人为本，适应当代中国城镇化、工业化、现代化发展趋势，着力提高农民（或城镇外来务工人员）综合素质的一项社会化的管理、教育和服务的综合性社会实践活动。

二、社会主义新农村文明乡风

社会主义新农村文明乡风实际上就是农村文化建设的问题，包括文化、风俗、社会治安等方面。它是农村文化的一种状态，是一种有别于城市文化，也有别于以往农村传统文化的一种新型的乡村文化。其本质是推进农民的知识化、文明化、现代化，实现农民"人"的全面发展。

文明乡风建设的主要内容包括农村思想道德建设和农村文化教育建设，是社会主义新农村思想道德建设的基本要求，体现着社会主义新农村的思想道德境界，是农村新生活、新文化、新风尚、新农民的综合体现。它具体表现为农民在思想观念、道德规范、知识水平、素质修养、行为方式及人与人、人与社会、人与自然的关系等方面继承和发扬民族文化的优良传统，摒弃传统文化中的消极落后因素，适应当今经济社会发展并不断有所创新，形成的积极、健康、向上的文化内涵、社会风气和精神面貌。

　　文明乡风的总体要求，就是要大力发展教育、文化、卫生和体育等各项社会事业，不断提高农民群众的思想、文化、道德水平，重建农村精神家园，丰富农村文化生活，形成崇尚文明、崇尚科学、健康向上的社会风气。文明乡风的核心应该是推动和引导广大农民树立适应建设社会主义新农村的思想观念和文明意识，养成科学文明的生活方式，提高农民的整体素质，培养造就有文化、懂技术、会经营的新型农民。文明乡风建设的目标是在农村营造生气勃勃、富于创造、勇于进取的思想文化环境，营造科学健康、文明向上的社会风貌，为新农村建设提供好思想保证、精神动力、智力支持和文化支撑。

　　推进文明乡风建设就是：要加强农村精神文明建设，不断提高农民的思想道德素质和科学文化素质；要形成文化娱乐设施齐备、文化体育活动丰富、民风民俗淳朴健康的精神风貌；要形成乡规民约健全、遵纪守法观念深入、村间邻里和睦、治安措施保障有力的和谐生活环境。社会主义新农村建设所需要的新观念、新风尚要依靠文明乡风建设来传播，所需要的人文精神、创业精神要依靠文明乡风建设来培育，所需要的舆论氛围、社会环境要依靠文明乡风建设来营造。文明乡风，第一次被中央文件提到了如此的高度，更加说明了其在新农村建设中所处的至关重要的位置。

文明乡风是一个自然的、历史的演进过程，它反映了人们自身现代化的要求，是人们物质需要和精神需要得到相对满足的体现，是一种健康向上的精神风貌。同时，乡风文明反映了时代的精神特征，是历史发展的要求。它是特定社会经济、政治、文化和道德等状况的综合反映，是特定的物质文明、精神文明和政治文明相互作用的产物。

【案例】

把文明乡风"种"进农民心田

近年来，呼和浩特市围绕美丽乡村建设，以培育和践行社会主义核心价值观为根本，以乡风文明大行动为抓手，按照"乡村规划布局美、乡风民风美、致富圆梦生活美、村容整洁环境美、乡村乡土文化美"的总体思路，统筹推进农村精神文明建设工作，努力实现农村乡风民风、人居环境、文化生活美起来，农民文明素质和农村文明程度提升起来，让文明新风吹遍乡间田野，既实现了村容整洁的"外在美"，又实现了农民群众精神面貌改善、文明素养提升的"内在美"。

乡村之美，美在绵远流长的乡愁记忆，更美在细腻无声的文化浸润。

在全市965个行政村中，建设小舞台、文化墙和文化广场、善行义举四德榜等宣传阵地，开展中国梦·致富圆梦、社会主义核心价值观的宣传……

社会主义核心价值观宣传在首府农村的大地上可谓落地生根，无处不在。

"图说我的价值观"剪纸动漫文化墙在新城区受到村民欢迎；和林县长达2千米的社会主义核心价值观宣传大道上，2 000余幅剪纸作品极其壮观；我市文化部门编创的展示社会主

图4-3　榆树沟广场文化气息浓

义核心价值观主题的二人台《花落花开》《夸夸十个全覆盖》等节目，入村演出已达2 000余场，让观众在听戏中受教育。

榜样的力量是无穷的。先进典型可引领农民崇德向善、见贤思齐。

近年来，呼和浩特市先后开展了道德模范、最美青城人、身边好人、十星级文明户、"好支书、好主任""最美家庭""好儿女、好婆婆、好夫妻、好邻里""干净人家"等评选活动，推选出了一大批群众口碑好、认可度高的先进典型。组织了5 000余场道德模范巡讲、巡演活动，讲好典型故事，弘扬最美精神，传播新风正气，引导群众学习先进、争当先进。

农民文明素质提升是乡风文明的重要表现。呼和浩特市以"青城大讲坛"为龙头，以基层大讲堂、道德讲堂、科技大篷车为依托，构筑起了社会主义核心价值观大宣讲平台。

如今，覆盖各旗县区乡镇、街道和农村的1 182个基层讲堂遍布全市各乡村，成为农民最喜欢的精神家园。

"志愿青城"如今是首府的一张亮丽名片。赛罕区建立了4 000余名大学生组成的大学生返乡志愿服务队，深入农户，为村民提供致富技术服务。目前，全市农村现已建立志愿服务队伍730支，注册志愿者达到5万余人。呼和浩特市农村志愿服务正在进入常态化。

"乡风文明大行动"开展以来，大力整治了"五风"。同时，广泛开展"六提倡六反对"活动，教育引导农民讲文明、讲科学、讲诚信，树立健康文明的生活方式。

图4-4　村民在绿树掩映的环境中幸福生活

动感的音乐，统一的服装，整齐的舞步，走进呼和浩特市的农村，在村文化广场上总能看到一派充满活力的热闹景象。以前城里人跳的广场舞，如今村民们也跳得不亦乐乎，这里成为了全村老少的重要娱乐休闲场所。农闲时，文化站内吹、拉、弹、唱不断；村里的体育场馆，可以看到有村民在打篮球、打乒乓球等。这样的景象在现如今呼市（呼和浩特市的简称）的农村不足为奇，已经成为首府现代农民生活的一个剪影。

农村文化活动的丰富多彩，离不开近几年首府对乡村文化阵地的大力度建设。全市乡镇街道文化站设置率为97%，乡镇文化站用房设置完备率已实现100%。92个乡镇都有文化广场。

无论是乡村的环境之美，还是构筑乡村多彩的文化生活，最终目的是提升村民的生活品质。而乡村产业的发展，则在改善村民生活质量的同时，助推美丽乡村、乡风文明建设的提档升级。

三、文明乡风的培育

1. 加强社会主义思想道德建设

要想培育文明乡风，就必须加强社会主义思想道德教育，因为它是先进文化得以发展的中心环节，起到相当大的作用。现在的农村因为经济、社会结构等的变化，各种环境都发生了变化，在农村，如何加强社会主义思想道德建设，是一件值得思考的事情。当今农村在思想道德方面存在种种问题：精神层面较为匮乏；道德感降低；文化生活短缺；整体文化水平偏低；对法律缺乏认识。要改善以及加强社会主义思想道德建设，让文明新风走进农村，就要从这几个问题层面下手，逐一进行解决。

首先，要进行经济建设。古代有句俗语，叫作"仓廪实而知礼节"，这句话到现在依旧有它的道理。只有富裕了，不再饿肚子了，农民才会有意愿去丰富自己的精神世界。现在，各处都在争相进行精神文明建设，但前提是，必须有一个坚实的经济基础。各级乡镇政府，要大力进行经济建设，让农民们富裕起来，增加收入，让农民们对政府增强信心。如此一来，才能在树立文明新风时，让农民们积极参与进来。

其次，要丰富农民的精神世界。农村里的大部分人，都是没有信仰的。所以，各级党组织除了要用马克思主义对农民进行教育外，还要将先进思想与传统精神相结合，使农民的思想素质得以提高。运用各种方式，对农村好人好事进行宣传，让村民们在耳濡目染中，提升自己的思想境界。

再次，改善农村环境。这要求政府增强对农村的经济投入，从基础设施建设、住房条件、软件、硬件等各个方面，改善农村的现状，让农民接触到更加丰富多彩的文化生活。最后，要领导建设进行强化。加强农村的思想道德建设，本身就是一个非常复杂的大工程，因为农村的基层性，这要求领导干部必须了解基层农村，因为农村这一特殊环境，更需要领导干部具备强大的责任感。领导干部的好坏与否，关系着整个农村建设的成败。因此，必须大力培养使用优秀的领导干部。

2. 举办文明礼仪知识竞赛

农村地区较为闭塞，要想让农村地区的文明新风教育开展起来，就必须用多种方式，调动起农民们参与的积极性。需要注意的是，农村地区和城镇不同，农村地区文化程度偏低，村民们也忙于农活，因此，在宣传文明礼仪时，必须要以游戏的方式展开，让农民们轻松地参与其中。开展文明礼仪知识竞赛，可以说是一个非常好的方式。村镇干部可以定期组织村民们进行文明礼仪知识竞赛，将村民分成几组参加。当然，适当的奖品以及奖励是必不可少的。在题目中，可以涉及文明礼仪各方面的问题，包括法律、民俗、文明道德规范等等，让农民在参与游戏的过程中，不知不觉地学到文明礼仪知识。参与人员除了村民以外，也应该包括村镇干部、大学生村官等高水平的文化人才，协助每个村民小组，这样一来，可以起到互帮互助的作用，在竞赛前或是竞赛中，让村民们从这些人才身上学到知识。为了让村民们有充分的参与准备，除了高水平文化人才进行小组指导之外，村镇领导干部也可以进行集中的指导培训，如组织村民们看有关文明礼仪的电影、电视片段等，看完之后，根据观看过程中的相关问题展开竞赛。

开展文明礼仪知识竞赛，既能够丰富村民们的娱乐生活，又能帮助村民们获得文明礼仪知识，可谓是一举多得。竞赛的内容可以定期变化，让村民保持新鲜感，从而有利于充分调动积极性，有利于培养文明新风尚。

3. 建立农村"文化墙"

"文化墙"是随着社会的进步出现的一种新名词、新现象。它能够有效地改善农村的整体环境面貌，让农民们获得文化陶冶。在墙壁上创做出中华精神的文化，包括书画等（图4-5）。

图4-5　文化墙

在农村，墙壁上大多都是些旧广告或是以前残存的落后口号，而将墙壁重新粉刷，不仅能够将这些落后的东西消除，还能够充分利用墙壁，进行文化宣传。同时，可以发展农村独具特色的旅游业，让农民获得经济收入，可谓是一举多得。农村"文化墙"的建设，并不是一朝一夕的事情，必须要从多个方面加以考虑，依次进行。

首先要培养领导班子，选好地点。在"文化墙"的建设中，一个优秀的领导团队起到重要作用，因此，必须对领导团队进行着重培养。此外，在优先进行试点的乡镇选择上，也要慎重。应选择人口比较密集、交通方便、村民积极性高的乡镇，以起到引领、带动效果。各个乡镇负责人要进行调查学习，并且大力带动村民们的积极性。其次，"文化墙"应具有时代先进性，丰富多样。建设社会主义新农村，要将时代新观念融入其中，尤其是在社会主义核心价值体系指导下，更应提倡积极向上的思想，使得"文化墙"起到文明大众、传播先进思想、培养品德的效果。以与农村生活相贴近的方式，培养新时代的农民。再次，不宜呆板，应该生动活泼。农村地区文化素质偏低，若在"文化墙"上书写单纯的文字，既枯燥又晦涩难懂。因此，应选择农民们易于理解的方式，如图画、顺口溜以及歌谣等。最后，强化农村特色。在"文化墙"的建设上，应该做到因地制宜，强化本土特色，更好地创造经济效益。

4. 为农民提供再教育的平台与机会

各级政府应建立健全农村义务教育的投入机制与长效机制，优先安排农村义务教育投入，加大对农村义务教育的物力、财力支持，改善农村中小学的办学条件与设施，推进农村中小学现代远程教育工程等；应加强农村教师队伍建设，把提高教师待遇、改善教师生活作为加强师资队伍建设的首要任务。同时，由于城乡师资力量差距大是制约当前农村教育发展的瓶颈，因而也应注重提高农村师资力量。

可以通过加强农村义务教育的督导，或者通过城市优质学校与农村薄弱学校结对子——城市学校优秀教师到农村支教、上示范课、开讲座，农村教师到城市学校跟班学习等方式来提高农村师资力量和义务教育质量。同时，要为农民提供再教育的平台与机会。

再教育包含两个方面的内容。

一是提升科技文化综合素质。各级政府应以适应农民需求为着眼点，以服务农民为宗旨，逐步建立起由政府统筹、农业部门牵头、相关部门配合、社会广泛参与的新型农民科技培训运行机制。如在农村开办"乡村大课堂"建设，把高质量的人文素质讲座、科技知识培训和经商之道讲座有机结合起来，逐步改变先进文化在农村传播薄弱的局面。通过长期教育、培训，甚至实施终身教育计划来提高农民的科技文化水平，使其成为有文化、懂技术、会经营的社会主义新农村新型农民。

二是思想观念方面的宣传教育。通过讲座学习、传媒宣传等途径，通过"先进思想进农家""政策法规进农家""讲文明、讲卫生、讲科学、树新风、改陋习"等活动，不断提高农民的思想觉悟和认识水平，带动农民群众自觉移风易俗，促使广大农民群众认可和接受绿色、健康、科学、文明的生活方式。

第三节 新乡贤文化：引领农村社会新风尚

一、新乡贤文化的内涵

1. 乡贤

乡贤是指乡里的社会贤达。在古代，主要指品德、才学为乡人所推崇敬重的人，既有食朝廷俸禄的好官，也有德高望重的贤者，还有贡献卓著的能人。他们作为乡贤，受到后人的敬仰和崇拜，表明了国家和社会对其人生价值的肯定。

从现代观念与现实需求出发，乡贤的范围已不再局限于道德与才能的层面，而是扩展到"名人"尤其是"文化名人"。文化名人有狭义与广义之分。狭义的文化名人是指在文章、文教、文化等方面取得巨大成就，对历史有深远影响或在某一时代名闻遐迩的人；广义的文化名人，包括在政治、经济、军事、文化、科学、教育、文艺、卫生、体育等各个领域取得突出业绩，在本土本地有较高声望的社会各界人士。

但是，不是所有的地方都有状元、进士及各类名人、英模等杰出代表，乡贤概念需与时俱进，名流诚可贵，"草根民星""乡土人才"也难得，只要能够有益于百姓、为百姓称道的都可以视作乡贤。现实农村中，群众公认的优秀基层干部、道德模范、身边好人等先进典型，都堪称乡贤。许多农村干部，也许文化并不高，风里来、雨里去，肩挑着集体事业，心头装着百姓冷暖，业绩或大或小，付出了努力，无愧于良心，他们是百姓心中的乡贤；许多乡村医生，依然怀有"赤脚医生向阳花，一颗红心暖千家"的秉性，身背药箱，走乡入户，甚至半夜行医，他们是百姓心中的乡贤；还有许多先富者，致富不忘乡亲，带动更多人脱困奔富，他们是百姓心中的乡贤；还有更多的公益人士、志愿者，一方有难，他们伸出温暖的双手，带来乡间的情意，他们同样是百姓心中的乡贤。

现代社会中存在两种乡贤，一种是"在场"的乡贤，一种是"不在场"的乡贤。有的乡贤扎根本土，耕耘奉献，把现代的价值观传递给村民。还有一种乡贤，出去奋斗，有了成就再回馈乡里。他们可能人不在当地，但由于通信和交通的便利，他们可以通过各种方式关心家乡的发展，他们的思维观念、知识和财富都能够影响家乡。

总而言之，无论职业，无论居住地，只要生于斯，长于斯，奉献于斯，在百姓的"天秤"上占到一定位置，皆可尊称为"新乡贤"。

2. 新乡贤文化

"新乡贤文化"，出现在《"十三五"规划纲要（草案）》中，并迅速升温，成为代表委员及民众关注和讨论的热词。

何谓新乡贤文化？"十三五"规划纲要（草案）"解释材料"中这样解释：

"乡贤文化是中华传统文化在乡村的一种表现形式，具有见贤思齐、崇德向善、诚信友善等特点。借助传统的'乡贤文化'

形式，赋予新的时代内涵，以乡情为纽带，以优秀基层干部、道德模范、身边好人的嘉言懿行为示范引领，推进新乡贤文化建设，有利于延续农耕文明、培育新型农民、涵育文明乡风、促进共同富裕，也有利于中华传统文化创造性转化、创新性发展。"

二、新乡贤文化的示范引领

培育和传播乡贤文化，就是要呼吁有德有才的新乡贤回乡建设新乡村。乡贤文化贴近百姓，各地都有丰厚的资源。乡贤作为当地的榜样人物，距离并不遥远，他们就在大家身边，容易通过"照镜子、正衣冠"的实践，达到示范和引领作用，从而推动整个社会经济文化和谐发展。弘扬乡贤文化，是培育和践行社会主义核心价值观的重要体现，为社会传播正能量提供了载体，同时也为文化惠民提供了有力的思想保障。

新乡贤一方面扎根本土，对乡村情况比较了解；另一方面新乡贤具有新知识、新眼界，对现代社会价值观念和知识技能有一定把握。当前，我国农业资源开发过度，农村优秀传统文化正渐行渐远，在乡村传统秩序受到冲击、传统社会纽带越来越松弛的情况下，如何让乡土社会更好发展，如何在乡村与现代间架起桥梁，新乡贤是上述作用的关键人物。

首先发挥好新乡贤的"模范"作用。乡贤因为自己的知识与人格修养在当地有很大的威望、得到大多数百姓的尊敬。因此，我们发挥好榜样的力量去引领、鼓励、激励当地乡民行为有度、价值高尚、操守有范。其次发挥好新乡贤"新眼界"的作用。乡贤多数在城市与大学生活、深造，眼界比较宽广、知识渊博、接触的新事物较多。因此，利用好他们的"新眼界"，有他们参与辅助村两委工作，能更好地开展群众工作、能更好地架起乡村与现代都市的桥梁、能更好的带领乡村致富。最后，发挥好新乡贤"好人脉"的作用。通过乡贤的人脉优势，引进一些有能力的企业到村投资发展现代化的农业经济，引进一批高素质人才助力乡村文化发展。

三、农村需要新乡贤

在悠久的农业文明中，包含着传统乡村治理的智慧与经验，乡贤文化则根植于其中，在古代国家治理结构中发挥着重要作用。一方面历史上的乡贤热心公共事务，维系地方社会的文化、风俗与教化，造福一方百姓；另一方面乡贤在维持乡土社会有效运转方面也发挥着重要作用，我国正处于社会转型期，一方面，城镇化飞速发展，另一方面，以"中国传统文化"作为内核的"中国村落文化"遗存现状令人担忧。摆在我们面前严峻的事实：古老的传统村落遗物正在以惊人的速度消失；传统村落所具有的中华民族特色文化形态正在发生急剧裂变，其内在结构也在外来文化的强大攻势下，正在支离瓦解，甚至可以说延续了数千年的村落文化已到了"生死存亡之秋"。当下的乡村治理和乡村社会重建应该从优秀传统文化中寻求资源。

随着经济社会的快速发展，农民传统的价值观和思维方式发生变化，传统文化习俗与现代文明发生冲突，农村城镇化加速，村内优秀人才大量向城市流动，不少乡贤或定居城市或外出经商务工。虽然乡土中国已经发生了巨大的变化，但是传统社会的架构没有完全坍塌，乡村社会中错综的人际交往方式，以血缘维系的家族和邻里关系依然广泛存在于乡村之中。在这种情况下，乡贤仍很重要。作为本地有声望、有能力的长者，乡贤在协调冲突、以身作则上提供正面价值观方面的作用就不可或缺。

在不少学者看来，当前社会主义新农村建设、社会主义核心价值观的发掘与实践表明，优秀的传统乡贤文化是可资利用的重要文化资源。独特的乡贤地域文化通过本地区历代乡贤名流的德行贡献，凝聚成民众的共同精神。乡贤精神对于提升本地区民众的文化自信心、自尊心，敦厚民心、民风，激励社会向上，具有特殊的现实意义和价值作用。

中国需要乡贤文化的复兴，但这不是传统士绅文化的回归。传统社会中的乡村，因为生活在一个熟人社会中，并不太重视法律和契约的作用，而是更加看重有威望的乡贤对于社会公正的维护。当然，我们不能回到过去那种状况，我们需要与时俱进，需要村舍民间领袖和社会体系的有机融合，精英和地方治理的有效结合。我们要避免本地生长起来的乡贤离乡之后就断了联系，这需要政府给予支持。乡贤是乡村社会的黏合剂，他们的知识和人格修养成为乡民维系情感联络的纽带，让村民有村舍的荣誉感和社区的荣誉感，这样的乡贤文化是有上进心和凝聚力的。

四、新乡贤的培育

1. 积极开发乡贤资源

自"新乡贤"的概念浮出水面，各个地方都自下而上寻找、推选新乡贤，如浙江、湖南、湖北、贵州、甘肃和山西等地"新乡贤"所发挥的榜样力量已经显现。

在开发新乡贤资源时，除了传统的名人、社会精英，今日乡里好干部、好村医、好教师，身边好人甚至"贤妻好媳"，也有闪光点、新故事，更是宝贵的"原生态"精神财富，值得挖掘、擦亮。积极开展"好村官""好村医"好媳妇""好公婆"等评选活动，结合文明新风户评比、家风家训教育等，有机融入乡贤嘉言懿行，形成浓烈贤文化氛围，有益传播文明乡风，构建"原生态"精神文化家园。

2. 引导乡贤反哺

设立社会荣誉、鼓励机制引导乡贤反哺，奉献乡土，凝聚浓浓乡情。中国农村还拥有优秀的传统文化资源和人文资源，"衣锦还乡""德泽乡里"的思想扎根在每一个中国人的骨头里。各地乡贤数量庞大，或从政，或从教，或从商等，拥有大量的人力和物力资源。他们既关心家乡的发展，又愿意为家乡做一些公益事业，他们拥有技术、资本、信息、市场和人脉资源，只要当地有健全的组织协调和沟通服务机制，能够以项目回迁、资金回流、信息回馈、智力回乡、技术回援、扶贫济困、助教助学等形式反哺家乡。

【案例】

纵观古今的"新乡贤"

宋代户部尚书沈诜退休后，每遇灾荒之年就用自家的米救济百姓，深受群众爱戴；明朝兵部尚书魏骥退休后，为解乡民水患之苦，亲自主持修筑水利工程，受到成化皇帝的嘉奖；明朝吏部尚书罗钦顺退休后，潜心研究理学，著述甚丰，被誉为"江右大儒"；清朝军机大臣、礼部尚书阎敬铭告老还乡后，热心公益事业，捐款修建义学，建起"天下第一仓"。

全国政协副主席毛致用退休后回到家乡湖南岳阳西冲村，三年把西冲村从一个落后村转变为"岳阳第一村"；海南省原副省长、人大副主任陈苏厚退休后回到家乡海南省临高县南宝镇松梅村务农，让松梅村面貌焕然一新；吉林省延边军分区原副司令员金文元退休后回到家乡安图县石门镇大成村务农，带领村民发展起10种产业，人均年收入由不足3 000元增加到现在的6 000多元……

纵观古今，官员"告老还乡"为农村、为社会做出积极贡献的案例不胜枚举。如今，采取激励政策让广大离退休干部"告老还乡"为农村、为社会做出更多贡献，让他们发挥余热，得到社会肯定和认可，既有利于社会的稳定和发展，也有利于加强离退休干部的管理，更有利于填补农村人才紧缺的"空白"，值得提倡。

3. 建立乡贤理事会

薄弱且无比广阔的中国农村已成为政府面临的最大实际问题，无论从资金、技术、农业服务及社区安全上，政府都无法充分满足农民和农村的需求。由于不少乡镇政府依然沿袭着"官本位"的行政理念，农民难以参与到新农村建设中来，更难以发挥出主体性作用，乡村社会的内生力量得不到充分发挥，甚至是被抑制。农村发展亟须创新农村社会管理，打破体制机制束缚。广东省云浮市创新农村社会管理模式，培育和发展自然村乡贤理事会，充分利用亲缘、人缘、地缘优势，发挥其经验、学识、财富及文化修养优势，凝聚社会资源，协助镇（街）、村（居）委、自然村（村民小组）开展农村公共服务和公益事业建设，弥补基层政府和自治组织提供公共产品和公共服务的不足，形成有益补充。

模块五　建设美丽乡村
共创美好家园

习近平总书记在 2013 年年底召开的中央农村工作会议上强调：中国要强、农业必须强；中国要富、农民必须富；中国要美、农村必须美。建设美丽中国，必须建设好"美丽乡村"。

第一节　美丽乡村建设：历史背景

从我国历史上看，对农村建设问题的直接关注起始于近代的中国资本主义开始发育时期。晚清政府（1908 年）颁布《城镇乡地方自治章程》和《城镇乡地方自治选举章程》，在农村开展了"乡村治理运动"。民国时期，对农村建设与发展的探索进一步深化，在多个省区均发动了"乡村自治运动"，近代的探索主要侧重于农村政治建设方面。而对农村经济建设、政治建设等予以较为全面的关注，则起始于 20 世纪 50 年代即中华人民共和国建立初期。回顾新中国成立以来我国农村发展的历程，大概可分为 3 个阶段。

一、以粮为纲发展阶段

以粮为纲发展阶段（解放初期——1978 年 12 月十一届三中全会以前）：50 年代中期我国就提出"农村现代化"的社会主义新农村建设目标，由于当时社会生产力水平低，农民的温饱还难以保障，建设新农村的任务主要是发展农业互助合作社和人民公社、解放和发展农业生产力，解决农民的温饱和社会粮食需求问题。60 年代中期"文化大革命"运动开展，使本身就发展缓慢的农业生产也难免遭到新中国成立以来最严重的挫折而更加停滞不前。

二、市场化发展阶段

市场化发展阶段（1978 年 12 月十一届三中全会——2005 年 10 月十六届五中全会以前）：改革开放以后，政治上废社建乡（镇），实行村民委员会管理体制；经济上推行家庭联产承包责任制，体制上突破计划经济模式，发展社会主义市场经济，极大地调动了亿万农民的积极性，农村生产力获得了空前解放，农村各项事业都获得了飞速进步，农村的发展迎来了前所未有的机遇。十五届三中全会高度评价和肯定了农村改革 20 年来所取得的上述成就和丰富经验，并从经济上、政治上、文化上对"建设中国特色社会主义新农村"的任务提出了要求，新农村建设已经成为一个系统工程。

三、社会主义新农村建设阶段

社会主义新农村建设阶段（2005 年 10 月十六届五中全会——现在）：十六届五中全会更加明确具体地提出了社会主义新农村建设的 20 字方针，即"生产发展、生活宽裕、乡风文明、村容整洁、管理民主"，对新农村建设进行了全面部署。这个时期，我国的经济发展已经基本具备了工业可以反哺农业、城市可以带动农村发展的条件，一方面，国家全面免除了农业四税（农业税、屠宰税、牧业税、农业特产税）和农村"三提五统"（即公积金、公益金和管理费；教育费附加、计划生育费、民政优抚费、民兵训练费、民办交通费等），推行了新农合、农低保、免学费和增加了种粮直补等农村福利政策，推进了农村林权制度改革和农村基层政治改革等。另一方面，国家公共财政逐年加大向"三农"的倾斜，城乡差距逐步缩小，农村逐渐成了城里人羡慕和向往的地方。党的十七大进一步提出"要统筹城乡发展，推进社会主义新农村建设"，把农村建设纳入了国家建设的全局，充分体现了全国一盘棋的科学发展思想。党的十八大报告更是明确提出："要努力建设美丽中国，实现中华民族永续发展"，第一次提出了城乡统筹协调发展共建"美丽中国"的全新概念，随即出台的 2013 年中央一号文件，依据美丽中国的理念第一次提出了要建设"美丽乡村"的奋斗目标，新农村建设以"美丽乡村"建设的提法首次在国家层面明确提出。

第二节　创建美丽乡村：目标和意义

一、创建"美丽乡村"的目标

2013 年，农业部下发了《农业部"美丽乡村"创建目标体系》，按照生产、生活、生态"三生"和谐发展的要求，坚持"科学规划、目标引导、试点先行、注重实效"的原则，以政策、人才、科技、组织为支撑，以发展农业生产、改善人居环境、传承生态文化、培育文明新风为途径，构建与资源环境相协调的农村生产生活方式，打造"生态宜居、生产高效、生活美好、人文和谐"的示范典型，形成各具特色的"美丽乡村"发展模式，进一步丰富和提升新农村建设内涵，全面推进现代农业发展、生态文明建设和农村社会管理。

具体来说，目标体系从产业发展、生活舒适、民生和谐、文化传承、支撑保障 5 个方面设定了 20 项具体目标，将原则性要求与约束性指标结合起来。如产业形态方面，主导产业明晰，产业集中度高，每个乡村有一到两个主导产业；当地农民（不含外出务工人员）从主导产业中获得的收入占总收入的80%以上。生产方式方面，稳步推进农业技术集成化、劳动过程机械化、生产经营信息化，实现农业基础设施配套完善，标准化生产技术普及率达到90%；土地等自然资源适度规模经营稳步推进；适宜机械化操作的地区（或产业）机械化综合作业率达到90%以上。资源利用方面，资源利用集约高效，农业废弃物循环利用，土地产出率、农业水资源利用率、农药化肥利用率和农膜回收率高于本县域平均水平；秸秆综合利用率达到95%以上，农业投入品包装回收率达到95%以上，人畜粪便处理利用率达到95%以上，病死畜禽无害化处理率达到100%。

二、创建"美丽乡村"的意义

（一）创建"美丽乡村"是落实党的十八大精神，推进生态文明建设的需要

党的十八大明确提出要"把生态文明建设放在突出位置，融入经济建设、政治建设、文化建设、社会建设各方面和全过程，努力建设美丽中国，实现中华民族永续发展"，确定了建设生态文明的战略任务。农业农村生态文明建设是生态文明建设的重要内容，开展"美丽乡村"创建活动，重点推进生态农业建设、推广节能减排技术、节约和保护农业资源、改善农村人居环境，是落实生态文明建设的重要举措，是在农村地区建设美丽中国的具体行动。

（二）创建"美丽乡村"是加强农业生态环境保护，推进农业农村经济科学发展的需要

近年来农业的快速发展，从一定程度上来说是建立在对土地、水等资源超强开发利用和要素投入过度消耗基础上的，农业乃至农村经济社会发展越来越面临着资源约束趋紧、生态退化严重、环境污染加剧等严峻挑战。开展"美丽乡村"创建，推进

农业发展方式转变，加强农业资源环境保护，有效提高农业资源利用率，走资源节约、环境友好的农业发展道路，是发展现代农业的必然要求，是实现农业农村经济可持续发展的必然趋势。

（三）创建"美丽乡村"是改善农村人居环境，提升社会主义新农村建设水平的需要

我国新农村建设取得了令人瞩目的成绩，但总体而言广大农村地区基础设施依然薄弱，人居环境脏乱差现象仍然突出。推进生态人居、生态环境、生态经济和生态文化建设，创建宜居、宜业、宜游的"美丽乡村"，是新农村建设理念、内容和水平的全面提升，是贯彻落实城乡一体化发展战略的实际步骤。

美丽乡村建设是美丽中国建设的重要组成部分，是全面建成小康社会的重大举措、是在生态文明建设全新理念指导下的一次农村综合变革、是顺应社会发展趋势升级版的新农村建设。它既秉承和发展了"生产发展、生活宽裕、乡风文明、村容整治、管理民主"的宗旨思路，又顺应和深化了对自然客观规律、市场经济规律、社会发展规律的认识和遵循，使美丽乡村的建设实践更加注重关注生态环境资源的保护和有效利用，更加关注人与自然和谐相处，更加关注农业发展方式转变，更加关注农业功能多样性发展，更加关注农村可持续发展，更加关注保护和传承农业文明。从另一方面来说，"美丽乡村"之美既体现在自然层面，也体现在社会层面。在城镇化快速推进的今天，"美丽乡村"建设对于改造空心村，盘活和重组土地资源，提升农业产业，缩小城乡差距，推进城乡发展一体化也有着重要意义。

第三节　建设美丽乡村：基本内涵

建设美丽乡村，发展农业经济、改善农村人居环境、传承生态文化、培育文明新风成为当前农村建设的重点，对于提升社会

主义新农村建设水平意义重大。从美丽中国到美丽乡村，从十六届五中全会，到中央一号文件，再到农业部出台《关于开展"美丽乡村"创建活动的意见》及《农业部"美丽乡村"创建目标体系》，美丽乡村的大轮廓已清晰可见，但究竟什么样的乡村才称得上美丽乡村并没有系统完整的说法。

美丽乡村是什么？美丽乡村就是美丽中国的农村版，是新农村的升级应用版。美丽乡村建设涵盖了以往的新农村、休闲农业、农家乐、乡村旅游等内容，美丽乡村应具备以下七大要素。

一、舒适的人居环境

十六大以来，中央提出了统筹城乡，加快城乡一体化发展及新农村建设，同时随着国家惠农哺农政策不断实施，使得农村建设取得了翻天覆地的变化，但城乡差距仍然巨大，农村的人居条件和环境难以吸引和留住人们的生息，造成了当下诸多空心村的产生。乡村的基本属性是人的居住聚集，因此，发挥好基本职能，提高基本职能的吸引力，并使其与城镇、城市在整体方面具有比较优势，在某些方面具有特色差异竞争力，是建设美丽乡村的基本要求。

1. 生态环境优美

当前全国性基本生存环境遭到严重挑战，工业化、城镇化、农业开发、工业生产等活动对农村生态环境也带来一定威胁，保护并改善农村的生态环境，保持天蓝、水绿、气清的自然环境，为居住者提供良好的生存环境是美丽乡村的基本所在，也是美丽乡村的吸引力所在（图5－1）。

2. 基础设施完善

总体而言，广大农村的基础设施依然薄弱，人居环境脏、乱、差问题急需治理，尤以农村改厕、路面硬化、排污、垃圾处理等任务为重点，加强农村公共基础设施建设，建立长效的保洁

图5-1　生态环境优美

机制，应成为建设美丽乡村的重要内容和必不可少的部分。

3. 公共服务均等

公共服务均等化是乡村文明的重要体现，也是缩小城乡差距的重要标志。十八大报告指出，让基本公共服务城乡均等化，美丽乡村的建设不仅要整治环境，还要提升农村公共服务水平。完善的科、教、文、卫、体、社会保障服务，能够保障农民安居乐业，助推城乡一体化发展。

二、适度的人口聚集

城市之所以吸引了大量农村人口涌入，是因为城市为他们提供了相较于农村更大的发展平台、更好的生活环境、更多的就业机会。虽然近10年来，我国大多地区都完成了新农村建设规划，但事实上农村的吸引力仍然不足，空心村现象依旧突出。新农村不应该是农村建设的终结，而应该进一步创新、提升，在完成基础建设的同时，推进农业提升发展，满足新时期农民的生存、生活、生产需求，提炼独特的乡村文化，吸引有知识、有技术、有能力的人才回到农村。

1. 保有人口居住

农村的基本属性就是满足人口居住聚集，美丽乡村规划当然也不例外，能够吸引人口聚居、提升农村发展活力才是根本。美丽乡村建设首要重点在于加强中心村和农村新社区建设，确保农村能留得住人居住，能有人居住，体现农村发展为了人。逐步解决和消除空心村、空壳村的存在，没有人居住的形式上的美丽农村都是没有意义的。

2. 人口规模适中

适度的人口规模集中是考量建设美丽乡村的重要内容，人口过大或过少都不利于农村资源的合理化配置。人口集聚的规模是根据人口自身发展规律与其周边产业吸收的人数来决定。同时，以产业为基础，发展现代农业，彰显特色，延伸农业产业链，增强农业吸纳劳动力的能力，避免美丽乡村再次空心。

3. 人口结构合理

目前，我国多数农村变成了留守村，青壮年外出务工且基本很难再回到农村，留守的基本均是妇女儿童和老人，文化知识欠缺、市场意识不足，严重制约了农村、农业的发展。美丽乡村建设如果合理布局村庄布点，改善和优化农村人口结构，避免和消除留守村恶性状况，是解决美丽乡村长远发展的动力之源。

三、新型的居民群体

人的发展与农村发展是相辅相成的，农村基础设施不断完善，农业产业化程度提升，农村居民生活条件逐渐改善，精神文化需求也越来越丰富多样，农村居民群体的素质也随之升高。现在的农民已告别"吃饱穿暖"的年代，他们在物质上的需求更为丰富、精神需求层次不断升高、自我发展意识及职业化需要不断强烈，一个新型的农村居民群体已呈现出来，全国各地相继提出培养"四型农民"的概念（即知识型、技能型、组织型、职业型）。新型农村居民的培养对于美丽乡村建设意义重大，将从根本上推动农村发展，是强化解决"三农"问题的内在动力。

1. 一定的文化知识

美丽乡村建设要注重发挥广大农民的主体作用，重视农民文化知识、农民素质及创业创新等方面的教育，充分利用各行政村的远程教育平台，着力培育有文化、懂技术、会经营的新型农民，确保农民综合素质、农村经济发展水平与美丽乡村建设的要求能够相匹配。

2. 娴熟的技术技能

随着农村物质需求和精神文明的提升与丰富，留在农村和返回农村的人口将逐渐增加。农村居民整体的技术、技能水平上升，由此带来的个人发展和提升、自我实现的意识渐渐强烈，为农业现代化、产业化发展注入新生力量，推动农业发展壮大，从而吸引更多的返乡人口共同建设美丽乡村。

3. 较高的文明素质

美丽乡村建设不是单纯"涂脂抹粉"，不仅要外貌美，更要内在美、心灵美。农村的内在美主要取决于农村居民的文明素质和意识，即将淳朴的乡风、民间传统文化、现代文明意识等互相融合，形成美丽乡村建设的内在动力，由内在美引导出的外在美才是可持续的美丽。

四、优美的村落风貌

村落风貌最直观的表现就是山、水、田园、农家组成的一幅优美图画，也可以说它是村庄由内而外散发出来的魅力。无论是远观还是置身其中，村落风貌改善绝对是美丽乡村建设的核心任务。美丽乡村建设应积极实施"四化"工程，坚持改善生产生活环境和挖掘内在文化升华乡村形象两手同时抓。尤其对于一些先天禀赋较好，适合发展乡村旅游的村落，更要注重村庄风貌改善、基础设施完善、文化形象塑造、旅游品牌打造和环保氛围营造。

1. 自然生态景观优美

美丽乡村建设必须尊重自然之美，充分彰显山清水秀、鸟语花香的田园风光，体现人与自然和谐相处的美好画卷。因此，美丽乡村建设在逐步渗入现代文明元素的同时，要通过生态修复、改良和保护等措施，使乡村重现优美的自然景观。精心打造融现代文明、田园风光、乡村风情于一体的魅力乡村。

2. 村落布局形式独具

独具特色的村落布局是美丽乡村建设的重要体现。立足于改变村容村貌，通过规划引导和环境整治，实现道路硬化、路灯亮化、河塘净化、卫生洁化、环境美化、村庄绿化，使村庄布局更加合理、村容村貌更加优美。建筑美观实用，房屋错落有致，立面色彩协调有序，具有明显的地方特色和乡土风情。

3. 街巷建筑特色明显

街巷建筑的好坏直接影响游客的游览兴致和重游率，其规划要与地方文化协调，体现地域特色。对于某些破败不堪的农房政府要给与一定的资金、技术帮助改造，包括建筑的风格、形式、朝向、尺度、墙面以及屋面的色彩等方面；对于具有历史、观赏价值的古建筑要在保护的前提下作为旅游资源加以开发利用。

4. 居民宅院风格独特

美丽乡村建设要通过居民宅院景观的不断提升，改善村落的风貌形象。在景观设置中要注重地域文化元素的注入。例如，居民宅院，可种植高低错落的乔灌花草，增加景观的层次感，营造花园般的景观氛围，烘托乡村文化氛围；村庄入口处对村庄的整体环境引导和识别具有重要作用，要展示鲜明的特色文化。

五、良好的文化传承

随着大规模城镇化进程快速推进，部分地方片面追求城镇化和新农村建设速度，一味追求现代、美观、整齐，对古建筑、古民居进行"改造"，传统建筑风貌、淳朴的人文环境受到不同程度的破坏，农耕文化、传统手工艺、节庆活动、戏曲舞蹈等一些有形无形的文化遗产面临瓦解、失传、消亡的危险。村落是文化的载体，是文化传承和保护的基地。因此，传承和发展优秀文化，对文化遗产进行有效保护和利用，是彰显美丽乡村地方特色、提升美丽乡村内涵的迫切需求。

1. 保护历史文化

美丽乡村不仅是古村落、古建筑、古树名木、历史遗址等的物质文化遗产的保护地，还是人居文化、农耕文化、民俗文化、传统工艺、老手艺、民间技能、民间歌谣、神话传说、戏曲舞蹈等非物质文化遗产的传承地。保护利用历史文化遗产，丰富美丽乡村内涵，让美丽乡村建设发展具有持续活力、独特魅力、强大引力。

2. 传承民风民俗

美丽乡村建设不仅要突出物质空间的布局与设计，同时必须嫁接生态文化、传承民风民俗，将孝廉、农耕、书画、饮食、休闲、养生等文化融入到美丽乡村建设之中，提升建设的内涵和品质，满足老百姓的文化需求，丰富老百姓的精神生活，使美丽乡村真正成为老百姓的精神家园和生活乐园。

3. 彰显精神文明

乡村外在美的创造与维护要靠农民素质的提升和精神文明的进步。为此，一定要重视精神文明建设，培养农民正确的价值取向和行为习惯，不断提升农民的整体素质。要注重乡村生活和生产方式的整体性安排，从物质和精神两个方面都让农村的面貌焕然一新，让田园城市和美丽乡村相得益彰。

六、鲜明的特色模式

与城市相比，农村具有独特的建筑类型、居住形式，有深厚的农村文化、地域文化、庭院文化，有优美的自然环境和生态环境。美丽乡村是农村鲜明特色的具体化、形象化的体现，建设美丽乡村是深入挖掘农村特色、亮点，充分发挥农村的地域特色、文化特色、生态优势、产业特色等优势，并通过环境整治、农业拓展、文化休闲、生态旅游、产业提升等途径，形成特色鲜明的农村发展模式。

1. 发展模式独具体系

根据各地农村的经济发展、自然环境、资源特色、地域特色等，农业部发布了中国"美丽乡村"十大发展模式：产业发展型、生态保护型、城郊集约型、社会综治型、文化传承型、渔业开发型、草原牧场型、环境整治型、休闲旅游型、高效农业型。每种模式分别代表某一类型乡村在各自的自然禀赋，经济发展水平、产业发展特点以及民俗文化传承等开展美丽乡村的有益启示。

2. 建设模式科学合理

美丽乡村是山水田林自然风貌得到保护、历史文化得到传承、建筑特色得到彰显、村容村貌得到改善、农业功能得到拓展、特色农业得到壮大、乡风文明得到弘扬、平原地区田园风光更秀美、丘陵山区更具山地风貌、靠水沿湖区凸显水乡风韵、高原地区体现高原特征的特色更鲜明，按照因地制宜、因村而异、借力发力、特色优先的原则，形成科学合理的建设模式。

3. 治理模式探索创新

美丽乡村，不仅美在自然，更美在和谐，而探索创新乡村治理模式是促进农村和谐的重要手段。保障农民主体地位是建设美丽乡村的基本点，要增加广大农民群众在基层管理和建设上的参与度，广泛发动农村群众在建设家园方面的积极性。首先要组织党员干部进行法治培训教育，推动农村党组织向便民服务型转变；其次要鼓励建立农村社会组织、村民小组，共同参与农村社会事业建设和社会管理服务。

七、持续的发展体系

开展美丽乡村建设是解决"三农"问题的最佳途径。无论是新型农民群体、农村建设及农业发展，还是农村生态环境保护、民生问题，归根结底都是可持续发展的问题。美丽乡村建设，必须为农村建立一套可持续发展的体系，既能让农村环境持续美丽，又能指引农业提升发展，传承传统文化，保证农民收入持续稳定增长，从而体现美丽乡村建设的本质。

1. 坚实的产业循环支撑

"美丽乡村"建设的根基在于产业的发展，要使乡村永久美丽，就需要持续推动产业循环支撑，尤其是推动现代农业产业化程度不断提高，同时要在资源优势和基础条件之上，以市场为导向，以效率为中心，带动农业产业结构的调整。积极发展观光休闲农业，因地制宜大力发展乡村旅游业，扩大产业链，形成规模效应，为美丽乡村的繁荣奠定坚实的基础。

2. 稳定的居民增收渠道

建设美丽乡村是促进农民增收，持续改善民生的重要途径。美丽乡村建设一方面通过发挥农村的生态资源、人文积淀、块状经济等优势，积极创造农民就业机会，加快发展农村休闲旅游等第三产业，拓宽农民增收渠道；另一方面，通过完善道路交通、医疗教育等基础设施配套，全面改善农村人居环境，着力提升基本公共服务水平，解决民生问题。

3. 合理的集体经济规模

发展壮大村级集体经济，是统筹城乡发展、建设美丽乡村的重要保证，是加强基层组织建设，夯实农村执政基础的现实需要，是实现农村经济社会持续健康协调发展的必然要求。美丽乡村建设中，要大力发展村级集体经济，以集体经济为支撑，不断加大投入，推进美丽乡村建设进程，进一步改善村民的生产生活条件，让广大农民群众真正感受到美丽乡村建设带来的实惠。

4. 良性的建设投入机制

美丽乡村建设在不断加大财政支持力度的同时，要积极探索美丽乡村建设投入体制机制创新，并以宅基地使用权竞价竞拍为突破口，努力推动农村生产要素改革，进一步激活农村资源与市场潜力，初步形成政府主导、多元投入的美丽乡村建设新格局。通过投入机制创新，农村的不动产成功转化为资产，资产转化为资本，资本转化为资金，资金最终变成为公益设施，形成投资、建设与发展的良性循环，激发农村资源与市场潜力的释放。

【案例】

美丽乡村释放生态红利

日前，来自住建部的消息显示，在 2014 年进行的首次全国农村人居环境普查中，浙江省德清县在全国 2 800 多个县市区旗中位列第一。

近年来，德清在"多规合一"的契机下，以改善环境为目标，完善基础设施建设，推进农村治理常态化。全县 151 个村的 1 751 个居住点规划撤并到 229 个；农村和美丽家园建设实现全覆盖："一根管子接到底"的农村生活污水治理，自然村覆盖率达 100%，农户受益率达 80% 以上；"一把扫帚扫到底"的城乡环境管理，实现了垃圾收集覆盖和生活垃圾无害化处理率两个

100%；建成莫干山异国风情休闲观光带等4条农村道路沿线景观带。

德清县农村人居环境的改善，是浙江省农村人居环境的缩影。德清的变化得益于浙江一项历时12年的农村整治行动。曾几何时，"室外脏乱差""垃圾污水随处流"是浙江省农村环境面临的"顽疾"。作为沿海经济发达地区，浙江农村在人均收入一直位居全国前列的同时，也长期面临生态难题。

2003年，浙江省委、省政府从改变农村"脏乱差"入手，实施"千村示范、万村整治"工程，着力改善农村人居环境，并以此拉开了浙江美丽乡村建设的序幕。在此期间，浙江投入资金超过1 200亿元，对2.6万个村庄进行了环境整治，村庄整治率达89%。

随着"千万"工程不断推进，浙江"美丽乡村"建设从盆景变风景，实现从"建设乡村"到"经营乡村"的成功跨越，也为我国改善乡村人居环境建设提供了"浙江经验"：串点成线，连片整治；因地制宜，分类治理，不搞千篇一律和"一刀切"；提升整体，尊重差异，建升级版农村，而不是缩小版城市。

农村环境持续改善，生态红利逐步显现。"千万"工程让农村重获美丽宜居的生活家园，也找到了发展的新思路。农家乐乡村旅游成了浙江农民新的"生财"之道。目前，浙江共创建1100多个农家乐集中村和特色村，农家乐经营户达1.45万户，营业收入达175.36亿元。

浙江探寻"经营村庄"科学发展的新路，乘数效应明显。竹乡安吉发展"生态＋文化"模式，中张村的农耕馆、尚书村的耕读文化吸引了大量游客；南浔和吴兴地处平原水乡，大力推广"农庄＋游购"模式，农庄成景点，园区成景区，农副产品成旅游产品，顾客亦是游客，实现了旅游和农业的深度融合。

2014年，浙江全年生产总值突破4万亿元，全省农村居民人均纯收入连续30年位居全国各省区第一。

如今在浙江，美丽乡村带来了生态红利，生态红利又催生了生态自觉。很多乡村白墙黛瓦、一尘不染，农村脏乱差的生活陋习、公众破坏环境的行为得到有效遏制。

（来源：《经济日报》）

模块六　整治村容村貌美化人居环境

第一节　布局规划：呈现村庄整体风貌

一、做好村庄整体布局规划

好的村庄规划，是凝固的艺术、历史的画卷。整治村容村貌，要坚持规划先行，从各地的实际出发，通过精心的规划设计，切实提高村庄布局水平、村落规划水平和民居设计水平，避免把村庄建成"夹皮沟"，把村落建成"军营式"，把民居建成"火柴盒"。农村就是要像农村，规划建设村庄，要依山就势、傍河就景、错落有致，与自然山水融为一体，体现生态田园风光（图6-1）。

民居的外在风貌要有地域和民族特色，彰显农村蓬勃生机，内部功能要现代实用，有利于群众享受现代文明生活。有条件的地方，民居设计要前庭后院，建设"微田园"，既满足群众发展种养副业的需要，又彰显鸡犬之声相闻的农家情趣。

农村规划建设要做到"产村相融"，与产业发展相配套，村庄布局、村落规划、基础设施建设、民居功能设计等方面，都要有利于发展生产，提高农村的承载能力、服务能力和发展能力，帮助农民增收致富。

图6-1　美丽村庄

二、乡村道路系统规划

乡村道路系统是以乡村现状、发展规划、交通流量为基础，并结合地形、地貌、环境保护、地面水的排出、各种工程管线等，因地制宜地规划布置。规划道路系统时，应使所有道路分工明确，主次清晰，以组成一个高效、合理的交通体系，并应符合下列要求。

1. 满足安全

为了防止行车事故的发生，汽车专用公路和一般公路中的二、三级公路不宜从村的中心内部穿过；连接车站、码头、工厂、仓库等货运为主的道路，不应穿越村庄公共中心地段。农村内的建筑物距公路两侧不应小于30米；位于文化娱乐、商业服务等大型公共建筑前的路段，应规划人流集散场地、绿地和停车场。停车场面积按不同的交通工具进行划分确定。汽车或农用货车每个停车位宜为 25~30 米^2；电动车、摩托车每个停车位为 2.5~2.7 米^2；自行车每个停车位为 1.5~1.8 米^2。

2. 灵活运用地理条件，合理规划道路网走向

道路网规划指的是在交通规划基础上，对道路网的干、支道路的路线位置、技术等级、方案比较、投资效益和实现期限的测算等的系统规划工作。对于河网地区的道路宜平行或垂直干河道布局。跨越河道上的桥梁，则应满足通航净空的要求；山区乡村的主要道路宜平行等高线设置，并能满足山洪的泄流；在地形起伏较大的乡村，应视地面自然坡度大小，对道路的横断面组合做出经济合理的安排，并且主干道走向宜与等高线接近于平行布置；地形高差特大的地区，宜设置人、车分开的道路系统；为避免行人在之字形支路上盘旋行走，应在垂直等高线上修建人行梯道。

3. 科学规划道路网形式

在规划道路网时，道路网节点上相交的道路条数，不得超过 5 条；道路垂直相交的最小夹角不应小于 45°。道路网形式一般为方格网式、环形放射、自由式和混合式 4 类（图 6-2）。

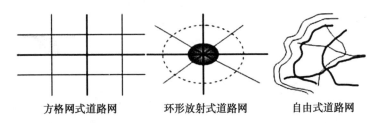

方格网式道路网　　　环形放射式道路网　　　自由道路网

图 6-2　道路网常见类型

三、乡村住宅功能布局

根据乡村住宅类型多样、住宅人数偏多、住户结构复杂等特点，住宅设计重点应落在功能布局上。主要应注意以下几个方面。

1. 合理规划房间

根据常住户的规模，有一代户、两代户、三代户及四代户。一般两代户与三代户较多，人口多在 3 ~ 6 口。这样基本功能空间就要有门斗、起居室、餐厅卧室、厨房、浴室、贮藏室，并且还应有附加的杂屋、厕所、晒台等功能，而套型应为一户一套或一户两套。当为 3 ~ 4 口人时，应设 2 ~ 3 个卧室；当为 4 ~ 6 口人时，应设 3 ~ 6 个卧室。如果住户为从事工商业者，还可根据实际情况进行增加。

2. 确保生产与生活区分开

凡是对人居生活有影响的，均要拒之于住宅乃至住区以外，确保家居环境不受污染。

3. 做到内与外区分

由户内到户外，必须有一个更衣换鞋的户内外过渡空间；并且客厅、客房及客流路线应尽量避开家庭内部的生活领域。

4. 做到"公"与"私"的区分

在一个家庭住宅中，所谓"公"，就是全家人共同活动的空间，如客厅；所谓"私"，就是每个人的卧室。公私区分，就是公共活动的起居室、餐厅、过道等，应与每个人私密性强的卧室相分离。在这种情况下，基本上也就做到了"静"与"动"的区分。

5. 做到"洁"与"污"的区分

这种区分也就是基本功能与附加功能的区分。如做饭烹调、燃料农具、洗涤便溺、杂物贮藏、禽舍畜圈等均应远离清洁区。

6. 做到生理分居

一般情况下，5 岁以上的儿童应与父母分寝；7 岁以上的异性儿童应分寝；10 岁以上的异性少儿应分室；16 岁以上的青少年应有自己的专用卧室。

第二节　整洁卫生：提高农民生活质量

一、生活垃圾分类处理

1. 垃圾分类的概念和意义

垃圾分类是指按照一定的规定或标准将垃圾分类贮存。分类投放和分类搬运，从而转变成公共资源的一系列活动。它的目的是提高垃圾的资源价值和经济价值，力争物尽其用（图6-3）。

图6-3　垃圾分类

垃圾分类是一种可持续的经济发展和生态保护模式，具有社会、经济、生态三方面的效益。近年来，随着经济社会的快速发展，人民生活水平不断提升，垃圾数量也与日俱增，给生态环境、财政支付等都带来了很大压力。推进农村生活垃圾分类处置已到了刻不容缓的地步。

2. 常见的农村垃圾

常见的农村垃圾有 3 类：可回收利用垃圾、可堆沤垃圾、不可降解垃圾或有害垃圾。

（1）可回收利用垃圾。可回收利用垃圾由民间废品回民公司回收。包括：

废纸系列：报纸、书本纸、外包装用纸、办公用纸、广告用纸、纸盒、作业本、草稿纸等。

废塑料系列：农膜、各种塑料袋、塑料泡沫、塑料包装、一次性塑料餐盒、牙刷、塑料杯子、饮料瓶、矿泉水瓶、洗发水瓶、洗洁精瓶、牙膏袋等。

废金属系列：易拉罐、铁皮罐头盒等。

废玻璃系列：玻璃瓶和碎玻璃片、镜子、罐头瓶、啤酒瓶、墨水瓶等。

废橡胶系列：橡胶鞋、单车胎、摩托车胎等。

废衣料系列：废弃衣服、毛巾、书包、布鞋等。

其他：纤维袋、纤维布等。

（2）可堆肥垃圾。可堆沤垃圾由保洁员督促农户就地分散，采取堆肥或填埋处置。包括：瓜果皮、废菜叶、藕煤渣、食物残渣、鸡鸭毛和禽鱼动物内脏等。

（3）不可降解垃圾或有害垃圾。不可降解垃圾和有害垃圾由合作社向农户购买，特指 3 类：废农药瓶、废电池、废塑料制品。

3. 常见的垃圾分类方法

垃圾分类方法很多。具体到农村地区，初期阶段，可以简单分成"可烂的"厨余垃圾和"不可烂的"其他垃圾，这样村民易于理解和接受。

【案例】

垃圾分类金东模式成全国学习榜样

　　浙江省金华市金东区因地制宜创新方式实现垃圾分类全覆盖，制定出台了全国首个农村生活垃圾分类管理标准《农村生活垃圾分类管理规范》，成为全国垃圾分类的标杆之一，被评为2016年中国民生示范工程，并吸引了全国各地的考察团前去取经。

　　1. 二分法模式简单易行

　　在金东区岭下镇岭五村，看到一位村民将家里的垃圾分好类，分别投进了门口蓝色和绿色两只垃圾桶，蓝色的垃圾桶上写着"会烂垃圾"，绿色的垃圾桶上写着"不会烂垃圾"的字样（图6-4）。

图6-4　村民投放垃圾

　　像这位村民一样，这里很多村民都会主动将垃圾分类，投入指定的垃圾箱内。在他们看来，这样的分类很简单：塑料袋、饮料瓶等不腐烂的垃圾放进蓝色的垃圾桶内，瓜皮、菜叶等容易腐烂的扔进绿色的垃圾桶内。

"农村里大多是老人、妇女和孩子，他们文化程度普遍不高，跟他们说可回收、不可回收，不一定听得懂、分得清；但会不会烂，一听就明白了。"岭五村妇女主任说，这样的分法尽管不是严格意义上的垃圾分类，但通俗易懂，符合农村的实际情况。

农户自行进行第一次分拣之后，保洁员在上门收集垃圾的过程中还会进行二次分拣。保洁员使用的垃圾车也是金东区统一配备、经过特殊改装的：三轮车的车斗隔成两份，一边装可回收垃圾，另一边装不可回收垃圾。为减少空气污染、方便倾倒，车斗还加了顶盖和侧门。使用这样的垃圾车，保洁员将垃圾统一运输到太阳能垃圾房，进行下一步的处理。

2. 循环利用，破解难题

在塘雅镇集镇附近的铁路旁，有一座标准的垃圾减量处理房。据塘雅镇村镇建设办公室副主任介绍，这个减量处理房是塘雅镇8个村联建的垃圾处理房，分14个垃圾房，其中两个为共用的不易腐烂垃圾房，另外12个沤肥房，每扇门上都标注了村庄名字。

通过垃圾减量处理房处理后，可回收垃圾变成生物肥做有机肥料，渗滤液进入厌氧池，废气无害化处理后直接排入大气。这些太阳能垃圾减量化处理房已经很大程度上有效解决了农村垃圾分类"最后一公里"问题。

按正常速度，垃圾需6个月才能完成堆肥。采用浙江大学的好氧高温堆肥技术，两个月就能实现。一吨垃圾，经沤肥房处理后，只剩下0.2~0.3吨有机肥，这种有机肥，氮磷钾含量都很高，种蔬菜特别好。

据金东区统计，按镇村常住人口38万人测算，年产生活垃坂量约 9 万吨，以 65% 的减量比例计算，一年能减少垃圾约 6 万吨。

3. 做好垃圾分类工作制度要先行

金东区从 2014 年 5 月开始推行农村生活垃圾分类减量化处理试点工作，2014 年 10 月，区政府决定率先在澧浦镇开展垃圾分类处理试点。在此基础上进行推广，在二环以外的 442 个行政村中推开农村生活垃圾分类减量化处理。到去年底全面完成农村生活垃圾分类投放、收集、运输、处理工作，基本实现全区农村生活垃圾分类减量化处理工作行政村全覆盖。

垃圾分类推广初期，不少村民的卫生习惯难以扭转，常常不能按要求进行分类，"一开始，所有村干部都要挨家挨户去看垃圾桶，看到分类不对的，一户户指导，然后重新分过。"金东区农办副主任介绍，不仅如此，金东区还在所有村庄建立了环境卫生"荣辱榜"制度。每个村每月评出 3~5 户卫生保洁先进户和促进户，在村公开栏曝光（图 6–5）。

图 6–5　环境卫生"荣辱榜"

金东区坚持管用有效的原则，制定了区级考核制度、镇级考评制度、垃圾分拣员评优制度、村级垃圾（污水）收费制度、村级党员干部联片包户网格化等一系列的制度。这些制度的推行，让垃圾分类工作有章可循。

二、厕所生态卫生改建

1. 厕所改造的好处

农村卫生厕所的改造不仅是一项便民利民的民生工程，也是顺应国家农村环境卫生整治的号召，建设干净美丽幸福和谐的社会主义新农村的重要内容。小小厕所的改善，事关一个个家庭生活质量的提高，可谓是"小厕所，大民生"。农村厕所改造推动了农民传统卫生习惯的改变，有助于带动农民更新卫生观念，形成饭前便后洗手、不喝生水、不吃生食的良好卫生习惯。同时也能够有效地预防因厕所粪便污染而引发的传染病，是改善环境、防治疾病的治本之策。农村卫生厕所改造有力促进了农村生态文明建设，推动了民众文明卫生素质的提高，保障了民众的健康。

【案例】

高邑县农村厕所改造显成效

"叫老乡，你听了，卫生厕所真是好；三格发酵无臭味，水冲密闭蚊蝇少；整齐干净又卫生，有效杜绝传播病。干部先改做示范，四邻看后掀高潮；财政补贴改厕所，千年不遇第一遭；大家动手齐改造，生活质量就提高。干净整洁心里美，环境舒适乐淘淘；新厕新村新生活，群众齐夸政策好。"在河北省石家庄高邑县，农民们自编自创的农村改厕"顺口溜"广为流传。

"一个土坑两块砖，三尺土墙围四边"，过去走在农村，第一感受就是卫生环境差，尤其是厕所卫生尤甚。受生活习惯和经济条件的限制，很多厕所与猪圈相连，日晒雨淋，臭气冲天，蝇蛆成群。

如今，这一顽疾在河北省广大农村得到大力改善。很多农民家里的厕所彻底变了样：街道上、家门口乱堆乱砌的"连茅圈"、露天旱厕不见了，取而代之的是一个个小菜园、小花池和栽种的树木，厕所都搬进了自家院子里，瓷砖或水泥墙、搪瓷蹲便器……无论是三格化粪池式厕所，还是双瓮漏斗式厕所、粪尿分集式厕所、双坑交替式厕所和具有完整上下水道系统及污水处理设施的水冲式厕所，都干净卫生，无蝇无味。

2. 厕所改造行动

近年来，各地为改善农村厕所条件做了很多工作，农村厕所也在持续改善。

（1）石家庄市改厕 9 万余座。石家庄市将在实施美丽乡村建设的 406 个省级重点村开展农村厕所改造工作，完成年度农村无害化厕所改造任务 90 439 座，把全市无害化卫生厕所普及率提高到 71%。

根据市卫生计生委、财政局等五部门联合制定的实施方案，今年农村厕所改造工作中，各地要根据不同的地理、气候特点和农村群众的意愿，因地制宜选择无害化卫生厕所改建类型。以改建三格化粪池式、双瓮式和沼气池式厕所为主。同时，在无害化卫生厕所改建过程中推广防臭、防冻、节水和进院入户成功经验及做法。

在资金筹集上，2016 年省、市、县三级均成立了融资建设平台，利用农业发展银行、中国农业银行等银行贷款支持辖区省级重点村 12 个专项行动美丽乡村项目建设。市、县两级财政部门会同本级美丽乡村融资建设平台，根据本地改厕任务完成情况给予一定的项目奖励。

实施方案安排，从 5 月开始，市、县分级组织开展改厕技术培训。各县（市、区）根据改厕工作需求，为乡（镇）、村培训一定数量的农村改厕技术人员。同时，市改厕技术指导组做好全市农村改厕的技术指导工作。5—11月，各县（市、区）结合实际和群众意愿，合理选择无害化卫生厕所改建类型，由县（市、区）政府负责组织实施，通过整合资源、吸引社会力量资助、鼓励农民自筹等多种形式，全面组织实施重点村庄农村厕所改造，分期分批加以重点推进。12月，按照乡（镇）级自查、县级考核验收、市级核查、省级抽查四级进行考核。

五部门要求，各县（市、区）要严格按照《农村户厕卫生规范》和《农村厕所改建技术规程》进行施工，严把改厕产品和材料质量关，选择正规、有信誉企业的产品，严格标准，确保改厕质量。县（市、区）农村改厕技术指导组，要加大日常督导和技术指导力度，及时纠正改厕工作中存在的问题，确保进度和改厕质量。并推广解决农村改厕难题试点工作经验和各地成功做法。

（2）潍坊市3年内改造41万户。潍坊市政府下发《关于印发全市推进农村改厕工作实施方案的通知》，组织实施农村厕所改造3年行动，到2018年年底，完成全市41万农户无害化卫生厕所改造，基本实现农村无害化卫生厕所全覆盖。其中，年内完成农村厕所改造14.89万户。

各地因地制宜，高标准选用符合当地实际的农村改厕模式。在一般农村地区，推广使用三格化粪池式、双瓮漏斗式厕所；在城镇污水管道覆盖到的村庄和农村新型社区，推广使用水冲式厕所；在重点饮用水源地保护区内的村庄，全面采用水冲式厕所，建立管网集中收集处置系统，实现达标排放；在山区或缺水地区的村庄，推广使用粪尿分集式厕所等。把农村改厕与污水处理相结合，鼓励推广使用单户、两三户、多户并联的一体化处理设备，改厕和污水处理同步进行，一步到位。

充分考虑农民长远需求，超前谋划，按照统一设计、统一购料、统一施工、统一验收的原则实施改厕工作。县级主管部门负责提供符合当地实际的设计图纸。厕具、施工由县（市）或镇统一招标采购。以村为单位组织施工，同等条件下优先选用本地队伍。各镇要及时掌握各村庄的改造进度，整村改厕完成后，由县（市）负责组织验收，验收一村、销号一村。

三、村庄绿化设计

环境绿化对改善生态环境、调节气候、增加湿度、降低噪声、吸收有害气体等方面具有重要作用。

1. 街道绿化

规划街道绿化时，必须与街道建筑、周边环境相协调，不同的路段应有不同的街道绿化。由于行道树长期生长在路旁，必须选择生长快、寿命长、耐旱、树干挺拔、树冠大的品种；而在较窄的街道则应选用较小的树种。在街头，可因地制宜地规划街头绿化和街心小花园，并应结合面积的大小和地形条件进行灵活布局（图6-6）。

2. 居住区绿化

居住区绿化，是美丽乡村建设中的重头戏，是衡量居住区环境是否舒适、美观的重要指标。可结合居住区的空间、地理条件、建筑物的立面，设置中心公共绿地，面积可大可小，布置灵活自由。面积较大时，应设置些小花坛、水池、雕塑等（图6-7）。

在规划时，不能因为绿化而影响住宅的通风与采光，应结合房屋的朝向配备不同的绿化品种。如朝南房间，应离落叶乔木有5米间距；向北的房间应距离外墙最少3米。配置的乔灌木比例一般为2∶1，常绿与绿叶比例为3∶7。

3. 公共建筑绿化

公共建筑绿化是公共建筑的专项绿化，它对建筑艺术和功能

图 6 - 6　街道绿化

图 6 - 7　居住区绿化

上的要求较高，其布局形式应结合规划总平面图同时考虑，并根据具体条件和功能要求采用集中或分散的布置形式，选择不同的、能与建筑形式或建筑功能相搭配的植物种类。

四、养成良好的卫生习惯和生活方式

在新农村建设中，有效地提高农民的卫生素养，增强农民的健康素养，可以为经济社会发展提供源源不断的高素质劳动力；可以有效地提高农民的生活质量。因此，要加强良好的卫生习惯和生活方式的培养。

（1）勤洗手、常洗澡，不共用毛巾和洗漱用具。

（2）每天刷牙，饭后漱口。

（3）咳嗽、打喷嚏时遮掩口鼻，不随地吐痰。

（4）不在公共场所吸烟，尊重不吸烟者免于被动吸烟的权利。

（5）少饮酒，不酗酒。

（6）不滥用镇静催眠药和镇痛剂等成瘾性药物。

（7）拒绝毒品。

（8）使用卫生厕所，管理好人畜粪便。

（9）讲究饮水卫生，注意饮水安全。

（10）常开窗通风。

（11）膳食应以谷类为主，多吃蔬菜水果和薯类，注意荤素搭配。

（12）经常食用奶类、豆类及其制品。

（13）膳食要清淡少盐。

（14）保持正常体重，避免超重与肥胖。

（15）生病后要及时就诊，配合医生治疗，按照医嘱用药。

（16）不滥用抗生素。

（17）饭菜要做熟，生吃蔬菜水果要洗净。

（18）生、熟食品要分开存放和加工。

（19）不吃变质、超过保质期的食品。

（20）发现病死禽畜要报告，不加工、不食用病死禽畜。

（21）家养犬应接种狂犬病疫苗；人被犬、猫抓伤、咬伤后，应立即冲洗伤口，并尽快注射抗血清和狂犬病疫苗。

（22）在血吸虫病疫区，应尽量避免接触疫水；接触疫水后，应及时预防性服药。

（23）食用合格碘盐，预防碘缺乏病。

（24）每年做 1 次健康体检。

（25）系安全带（或戴头盔）、不超速、不酒后驾车能有效减少道路交通伤害。

（26）避免儿童接近危险水域，预防溺水。

（27）安全存放农药，依照说明书使用农药。

（28）冬季取暖注意通风，谨防煤气中毒。

第三节　保护环境：营造生态和谐人居

一、防治农业环境污染

农业环境污染是指预防和治理工业（含乡镇工业）废水、废气、废渣、粉尘、城镇垃圾和农药、化肥、农膜、植物生长激素等农用化学物质等对农业环境的污染和危害；保障农业环境质量，保护和改善农业环境，促进农业和农村经济发展的重要措施，也是农业现代化建设中的一项任务。

（1）防治工业污染。严格防止新污染的发展。对属于布局不合理，资源、能源浪费大的，对环境污染严重，又无有效的治理措施的项目，应坚决停止建设；新建、扩建、改建项目和技术开发项目（包括小型建设项目），必须严格执行"三同时"的规定；新安排的大、中型建设项目，必须严格执行环境影响评价制度；所有新建、改建、扩建或转产的乡镇、街道企业，都必须填写"环境影响报告表"，严格执行"三同时"的规定；凡列入国家计划的建设项目，环境保护设施的投资、设备、材料和施工力量必须给予保证，不准留缺口，不得挤掉；坚决杜绝污染转嫁。

抓紧解决突出的污染问题。当前要重点解决一些位于生活居住区、水源保护区、基本农田保护区的工厂企业污染问题。一些生产上工艺落后、污染危害大、又不好治理的工厂企业，要根据实际情况有计划地关停并转。要采取既节约能源，又保护环境的技术政策，减轻城市、乡镇大气污染。按照"谁污染，谁治理"的原则，切实负起治理污染的责任；要利用经济杠杆，促进企业治理污染。

（2）积极防治农用化学物质对农业环境的污染。随着农业生产的发展，我国化肥、农药、农用地膜的使用量将会不断增加。必须积极防治农用化学物质对农业环境的污染。鼓励将秸秆过腹还田、多施有机肥、合理施用化肥，在施用化肥时要求农民严格按照标准科学合理地提倡生物防治和综合防治，严格按照安全使用农药的规程科学、合理施用农药，严禁生产、使用高毒、高残留农药。鼓励回收农用地膜，组织力量研制新型农用地膜，防止农用地膜的污染。

二、农业废弃物资源化利用

当前，农民生产生活中产生的农业废弃物处理粗放、综合利用水平不高的问题日益突出，已成为农村环境治理的短板。据估算，全国每年产生畜禽粪污38亿吨，综合利用率不到60%；每年生猪病死淘汰量约6 000万头，集中的专业无害化处理比例不高；每年产生秸秆近9亿吨，未利用的约2亿吨；每年使用农膜200万吨，当季回收率不足2/3。这些未实现资源化利用无害化处理的农业废弃物，实际是放错了地方的资源，乱堆乱放、随意焚烧，给城乡生态环境造成了严重影响。

农业废弃物资源化利用是改善环境污染、发展循环经济、实现农业可持续发展的有效途径。农业废弃物资源化利用工作要贯彻党中央、国务院有关决策部署，围绕解决农村环境脏乱差等突出问题，聚焦畜禽粪污、病死畜禽、农作物秸秆、废旧农膜及废弃农药包装物等 5 类废弃物，以就地消纳、能量循环、综合利用为主线，坚持整县统筹、技术集成、企业运营、因地制宜的原则，采取政府支持、市场运作、社会参与、分步实施的方式，注重县乡村企联动、建管运行结合，着力探索构建农业废弃物资源化利用的有效治理模式。

【案例】

五大专项行动治理农业废弃物

2017 年 3 月 7 日，十二届全国人大五次会议在京举行记者会，农业部部长韩长赋、副部长张桃林就"推进农业供给侧结构性改革"的相关问题回答中外记者的提问。韩长赋说，将把绿色发展摆在更加突出的位置，一手抓资源保护，一手抓废弃物治理，推动开展五大专项行动，努力把农业资源过高的利用强度缓下来，把面源污染加重的趋势降下来。

韩长赋说，农业环境问题已经成为一个突出问题。近年来，农业部会同有关部门采取了一些措施。例如，先后出台了农业环境突出问题治理的总体规划、全国农业可持续发展规划。2015年，我们提出并打响了农业面源污染防治攻坚战，提出"一控两减三基本"的目标。所谓"一控两减三基本"，就是控制农业用水总量，减少化肥和农药使用量，实现畜禽粪便、废旧农膜、秸秆等得到基本处理，主要是资源化利用。经过努力，效果还是比较明显的。2016 年，已经在全国实现了农药使用量零增长，这也是第一次，以后还要降。化肥使用量接近零增长，因为化肥一直是增加的，有些省化肥使用量已经实现了零增长。粪污的处理和利用率也从 2012 年的 50% 达到了去年的 60%。

韩长赋说，具体来说，要推动开展五大专项行动：第一个行动是畜禽粪污治理行动。今年开始，一年试点、两年铺开、三年大见成效、五年全面完成。就是说，要经过五年的努力，使全国的规模养殖场粪污都能无害化、资源化利用。第二个行动是果菜茶有机肥替代化肥行动。今年首先在果菜茶的核心产区，知名品牌的生产基地来推广，力争到 2020 年使果菜茶的化肥施用量比目前减少 50% 以上。第三个行动是东北地区秸秆处理行动。通过机械化还田，支持开展饲料化、基料化。第四个行动是以长江为重点的水生生物保护行动。从今年开始，率先在长江流域水生生物保护区实行全面禁捕，然后在长江干流和重要支流进行全面禁捕；在通江湖泊和其他重要水域实行限额捕捞制度。第五个行动是农膜回收行动。在一些地区减少地膜使用，推广使用适当加厚、便于机械化回收的地膜，同时采取以旧换新的财政补助政策，鼓励农民回收地膜。

（来源：《法制日报》，2017 – 03 – 08）

三、构建人与自然的和谐关系

为了使人类和自然更加和谐地相处，"环保"的理念必须提出。随着城镇化进程的不断加快，很多农村产生了很多因为经济发展带来的环境问题，因此，保护农村的生态环境，建设环保型新农村是现在农村发展的当务之急。

1. 树立环保意识

要想防止农村环境恶化，首先要让人们都树立环保意识，加强环保方面的宣传，对私自开采矿藏的行为进行严厉处罚。为了保持农村的绿水蓝天，森林的作用必不可少，因此，对农村大面积存在的树木要进行较大强度的保护。

2. 自觉实践环保行为

环保社会的建立是人类可持续发展的必要条件，人们的衣食住行等各个方面都与社会和自然息息相关。因此，在人们的日常生活中，要使用卫生、环保的器材，食用绿色有机食物，对生活垃圾进行分类处理，对生产垃圾进行回收利用。当然，上述这些并不是单靠个人就能够完成的，还需要政府和社区的协调帮助，政府要发动群众，多进行环保知识宣传，多举办环保类型的活动，从行动上影响群众，使群众成为自觉环保的好公民。

3. 协调自然和经济的共同发展

因为城镇化进程的影响，很多企业都已经"移民"到农村，这些企业中大多都是高污染、高排放的，因此，在引进投资方面，政府要加强对排污的严格把关，禁止乱排乱放，统筹全局，协调自然和经济的共同发展。

建立资源节约型和环境友好型社会，要发展循环经济和低碳经济，调整我国现阶段的经济结构，把环保落实到日常工作和生活中，对污染型企业进行整改。在提高资源利用率的同时，也要把排污工作做好，要时刻把人民群众的健康利益放在首位。

只有人人都树立环保的意识和观念，在日常生活中落实环保行为，环保的新农村才能顺利建立，农村才能健康发展，我们的社会才会更加和谐美好。

模块七　丰富乡村文化 创造幸福生活

第一节　乡土文化：世代传承的民间文化

乡土文化是农村知识系统、制度传统、生活方式的集合体。乡土文化不仅承载着中华文化发展、传播、继承与优化的历史重任，还具有推动新农村文化建设的意义。通过乡土文化的有效保护与挖掘传统，注入现代元素，使之转化为农民喜闻乐见的文化，不仅可以让农民在文化活动中愉悦精神，交流信息，增长才干，还可以培养与人沟通、与人交往、与人合作的能力。

一、传统节日的传承与发展

1. 中国传统节日

中国传统节日作为中华民族悠久历史文化的重要组成部分，反映了古代人民丰富的社会文化生活，也积淀着博大精深的中国历史文化内涵。中国传统节日内容丰富，形式多样。据不完全统计，目前我国有全国性、地方性和民族性的传统节日达200多种，其中最主要的有春节、元宵节、清明节、端午节、七夕节、中秋节、重阳节等。

（1）春节：农历正月初一是春节。春节又叫阴历年，俗称"过年"。这是我国民间最隆重、最热闹的一个传统节日。在千百年的历史发展中，形成了一些较为固定的风俗习惯。

①扫尘。按民间的说法：因"尘"与"陈"谐音，新春扫尘有"除陈布新"的含义，其用意是要把一切穷运、晦气统统扫出门。这一习俗寄托着人们破旧立新的愿望和辞旧迎新的祈求。每逢春节来临，家家户户都要打扫环境，清洗各种器具，拆洗被褥窗帘，洒扫六闾庭院，掸拂尘垢蛛网，疏浚明渠暗沟。到处洋溢着欢欢喜喜搞卫生、干干净净迎新春的欢乐气氛。

②贴春联。春联也叫门对、春贴、对联、对子、桃符等，它以工整、对偶、简洁、精巧的文字描绘时代背景，抒发美好愿望，是我国特有的文学形式。每逢春节，无论城市还是农村，家家户户都要精选一副大红春联贴于门上，为节日增加喜庆气氛。这一习俗起于宋代，在明代开始盛行，到了清代，春联的思想性和艺术性都有了很大的提高，梁章钜编写的春联专著《楹联丛话》对楹联的起源及各类作品的特色都作了论述。

春联的种类比较多，依其使用场所，可分为门心、框对、横披、春条、斗方等。"门心"贴于门板上端中心部位；"框对"贴于左右两个门框上；"横披"贴于门楣的横木上；"春条"根据不同的内容，贴于相应的地方；"斗斤"也叫"门叶"，为正方菱形，多贴在家具、影壁中。

③贴窗花和倒贴"福"字。在民间人们还喜欢在窗户上贴上各种剪纸——窗花。窗花不仅烘托了喜庆的节日气氛，也集装饰性、欣赏性和实用性于一体。剪纸在我国是一种很普及的民间艺术，千百年来深受人们的喜爱，因它大多是贴在窗户上的，所以也被称其为"窗花"。窗花以其特有的概括和夸张手法将吉事祥物、美好愿望表现得淋漓尽致，将节日装点得红火富丽。

在贴春联的同时，一些人家要在屋门上、墙壁上、门楣上贴上大大小小的"福"字。春节贴"福"字，是我国民间由来已久的风俗。"福"字指福气、福运，寄托了人们对幸福生活的向往，对美好未来的祝愿。为了更充分地体现这种向往和祝愿，有的人干脆将"福"字倒过来贴，表示"幸福已到""福气已到"。民间还有将"福"字精描细做成各种图案的，图案有寿星、寿桃、鲤鱼跳龙门、五谷丰登、龙凤呈祥等。

④年画。春节挂贴年画在城乡也很普遍，浓墨重彩的年画给千家万户平添了许多兴旺欢乐的喜庆气氛。年画是我国的一种古老的民间艺术，反映了人们朴素的风俗和信仰，寄托着他们对未来的希望。年画，也和春联一样，起源于"门神"。随着木板印刷术的兴起，年画的内容已不仅限于门神之类单调的主题，变得丰富多彩，在一些年画作坊中产生了《福禄寿三星图》《天官赐福》《五谷丰登》《六畜兴旺》《迎春接福》等经典的彩色年画、以满足人们喜庆祈年的美好愿望。我国出现了年画3个重要产地：苏州桃花坞，天津杨柳青和山东潍坊；形成了中国年画的三大流派，各具特色。

⑤守岁。除夕守岁是最重要的年俗活动之一，守岁之俗由来已久。最早记载见于西晋周处的《风土志》：除夕之夜，各相与赠送，称为"馈岁"；酒食相邀，称为"别岁"；长幼聚饮，祝颂完备，称为"分岁"；大家终夜不眠，以待天明，称曰"守岁"。

"一夜连双岁，五更分二天"，除夕之夜，全家团聚在一起，吃过年夜饭，点起蜡烛或油灯，围坐炉旁闲聊，等着辞旧迎新的时刻，通宵守夜，象征着把一切邪瘟病疫照跑驱走，期待着新的一年吉祥如意。这种习俗后来逐渐盛行，到唐朝初期，唐太宗李世民写有"守岁"诗："寒辞去冬雪，暖带入春风"。直到今天，人们还习惯在除夕之夜守岁迎新。

古时守岁有两种含义：年长者守岁为"辞旧岁"，有珍爱光阴的意思；年轻人守岁，是为延长父母寿命。自汉代以来，新旧年交替的时刻一般为夜半时分。

⑥爆竹。中国民间有"开门爆竹"一说。即在新的一年到

来之际，家家户户开门的第一件事就是燃放爆竹，以哔哔叭叭的爆竹声除旧迎新。爆竹是中国特产，亦称"爆仗""炮仗""鞭炮"。其起源很早，至今已有两千多年的历史。放爆竹可以创造出喜庆热闹的气氛，是节日的一种娱乐活动，可以给人们带来欢愉和吉利。随着时间的推移，爆竹的应用越来越广泛，品种花色也日见繁多，每逢重大节日、喜事庆典，及婚嫁、建房、开业等，都要燃放爆竹以示庆贺，图个吉利。现在，湖南浏阳，广东佛山和东尧，江西的宜春和萍乡、浙江温州等地区是我国著名的花炮之乡，生产的爆竹花色多，品质高，不仅畅销全国，而且还远销世界上其他国家和地区。

⑦拜年。新年的初一，人们都早早起来，穿上新衣，打扮得漂漂亮亮，出门去走亲访友，相互拜年，恭祝来年大吉大利。拜年的方式多种多样，有的是同族长带领若干人挨家挨户地拜年；有的是同事相邀几个人去拜年；也有大家聚在一起相互祝贺，称为"团拜"。由于登门拜年费时费力，后来一些上层人物和士大夫便使用名贴相互投贺，由此发展出来"贺年片"。

春节拜年时，晚辈要先给长辈拜年，祝长辈长寿安康，长辈可将事先准备好的压岁钱分给晚辈，据说压岁钱可以压住邪祟，因为"岁"与"祟"谐音，晚辈得到压岁钱就可以平平安安度过一岁。

⑧春节食俗。因为气候、饮食的差异，南北方的春节食俗略有不同。

北方讲究初一吃饺子。因为和面的"和"字就是"合"的意思；饺子的"饺"和"交"谐音，"合"和"交"又有相聚之意，所以用饺子象征团聚合欢；又取更岁交子之意，非常吉利；此外，饺子因为形似元宝，过年时吃饺子，也带有"招财进宝"的吉祥含义（图7-1）。

南方春节多数做年糕和汤圆。年糕谐音"年高"，取吉祥如

图7-1　春节

意的好兆头。年糕的式样有方块状的黄、白年糕，象征着黄金、白银，寄寓新年发财的意思。汤圆也叫"团子""圆子"，取"全家团圆"之意。

（2）元宵节：农历正月十五日是元宵节。元宵节又称正月半、上元节、灯节。正月为元月，古人称夜为"宵"，而十五日又是一年中第一个月圆之夜，所以称正月十五为元宵节。由于中国幅员辽阔，历史悠久，所以关于元宵节的习俗在全国各地也不尽相同。

①吃元宵。正月十五吃元宵，是在中国由来已久的习俗，元宵即"汤圆"，它的做法、成分、风味各异，但是吃元宵代表的意义却相同。代表着团团圆圆、和和美美，日子越过越红火。俗语有句话叫和气生财。家庭的和睦以及家人的团圆对于一个完整的家庭来讲是多么重要的因素。因此，在元宵节一定要和家人吃上"元宵"。

②观灯。元宵佳节赏花灯，吉祥之星为你升。汉明帝永平年间，因明帝提倡佛法，适逢蔡愔从印度求得佛法归来，称印度摩喝陀国每逢正月十五，僧众云集瞻仰佛舍利，是参佛的吉日良辰。汉明帝为了弘扬佛法，下令正月十五夜在宫中和寺院、燃灯表佛。此后，元宵放灯的习俗，在唐代发展成为盛况空前的灯市，当时的京城长安已是拥有百万人口的世界最大都市，社会富庶。宋代，元宵灯会无论是规模和灯饰的奇幻精美都胜过唐代，民族特色更强。以后历代的元宵灯会不断发展，灯节的时间也越来越长。唐代的灯会是上元前后各一日，宋代又在十六之后加了两日，明代则延长到由初八到十八整整 10 天。到了清代，满族入主中原，宫廷不再办灯会，民间的灯会却仍然壮观。日期缩短为 5 天，一直延续到今天。可谓"花灯高高挂，挂出新年万紫千红幸福花；红烛熊熊烧，烧出新年顺风顺水红运道"（图 7 - 2）。

图 7 - 2　观灯

③猜灯谜。每逢元宵节，各个地方都打出灯谜，希望今年能喜气洋洋的，平平安安的。因为谜语能启迪智慧又饶有兴趣，所以流传过程中深受社会各阶层的欢迎。唐宋时灯市上开始出现各

式杂耍技艺。明清两代的灯市上除有灯谜与百戏歌舞之外，又增设了戏曲表演的内容。

④走百病。元宵节除了庆祝活动外，还有信仰性的活动。那就是"走百病"，又称"烤百病""散百病"参与者多为妇女，他们结伴而行或走墙边，或过桥过走郊外，目的是驱病除灾。

随着时间的推移，元宵节的活动越来越多，不少地方节庆时增加了耍龙灯、耍狮子、踩高跷、划旱船扭秧歌、打太平鼓等活动。

（3）清明节：清明节是我国传统节日，也是最重要的祭祀节日，是祭祖和扫墓的日子。清明节按农历算在三月上半月，按阳历算则在每年四月五日或六日。此时天气转暖，风和日丽，"万物至此皆洁齐而清明"，清明节由此得名。清明节的习俗是丰富有趣的，除了扫墓外，还有踏青、荡秋千、植树、放风筝等一系列风俗体育活动。

①扫墓。扫墓俗称上坟，祭祀死者的一种活动。汉族和一些少数民族大多都是在清明节扫墓。按照旧的习俗，扫墓时，人们要携带酒食果品、纸钱等物品到墓地，将食物供祭在亲人墓前，再将纸钱焚化，为坟墓培上新土，折几枝嫩绿的新枝插在坟上，然后叩头行礼祭拜，最后吃掉酒食回家。唐代诗人杜牧的诗《清明》：清明时节雨纷纷，路上行人欲断魂。借问酒家何处有？牧童遥指杏花村。写出了清明节的特殊气氛。

②踏青。踏青又叫春游。古时叫探春、寻春等。三月清明，春回大地，自然界到处呈现一派生机勃勃的景象，正是郊游的大好时光。我国民间长期保持着清明踏青的习惯（图7-3）。

③荡秋千。这是我国古代清明节习俗。秋千，意即揪着皮绳而迁移。它的历史很古老，最早叫千秋，后为了避忌讳，改为秋千。古时的秋千多用树桠枝为架，再拴上彩带做成。后来逐步发展为用两根绳索加上踏板的秋千。打秋千不仅可以增进健康，而

图7-3 踏青

且可以培养勇敢精神，至今为人们特别是儿童所喜爱。

④植树。清明前后，春阳照临，春雨飞洒，种植树苗成活率高，成长快。因此，自古以来，我国就有清明植树的习惯。有人还把清明节叫作"植树节"。植树风俗一直流传至今。1979年，全国人大常委会规定，每年3月12日为我国植树节。这对动员全国各族人民积极开展绿化祖国活动，有着十分重要的意义。

⑤放风筝。放风筝也是清明时节人们所喜爱的活动。每逢清明时节，人们不仅白天放，夜间也放。夜里在风筝下或风稳拉线上挂上一串串彩色的小灯笼，像闪烁的明星，被称为"神灯"。过去，有的人把风筝放上蓝天后，便剪断牵线，任凭清风把它们送往天涯海角，据说这样能除病消灾，给自己带来好运。

（4）端午节：农历五月初五是端午节。端午节又称端阳节、重午节、重五节。端午原是月初午日的仪式，因"五"与"午"同音，农历五月初五遂成端午节。端午节是我国较为古老的传统节日。每逢阴历五月初五这天，人们都要在江河湖海上举行赛龙舟，还要吃粽子、戴香囊、悬艾叶菖蒲等，这些活动已成为千古不变的习俗，从古至今一直在沿续着。

①赛龙舟。赛龙舟是端午节的主要习俗。相传起源于古时楚国人因舍不得贤臣屈原投江死去，许多人划船追赶拯救。他们争先恐后，追至洞庭湖时不见踪迹。之后每年五月五日划龙舟以纪念之。借划龙舟驱散江中之鱼，以免鱼吃掉屈原的身体。竞渡之习，盛行于吴、越、楚。

其实，"龙舟竞渡"早在战国时代就有了。在急鼓声中划刻成龙形的独木舟，做竞渡游戏，以娱神与乐人，是祭仪中半宗教性、半娱乐性的节目。

后来，赛龙舟除纪念屈原之外，在各地人们还赋予了不同的寓意。

江浙地区划龙舟，兼有纪念当地出生的近代女民主革命家秋瑾的意义。夜龙船上，张灯结彩，来往穿梭，水上水下，情景动人，别具情趣。贵州苗族人民在农历五月二十五至二十八举行"龙船节"，以庆祝插秧胜利和预祝五谷丰登。云南傣族同胞则在泼水节赛龙舟，纪念古代英雄岩红窝。不同民族、不同地区，划龙舟的传说有所不同。直到今天在南方的不少临江河湖海地区，每年端午节都要举行富有自己特色的龙舟竞赛活动。

清乾隆二十九年（1736年），我国台湾开始举行龙舟竞渡。当时台湾知府蒋元君曾在台南市法华寺半月池主持友谊赛。现在台湾每年5月5日都举行龙舟竞赛。在香港，也举行竞渡。

此外，划龙舟也先后传入邻国日本、越南等及英国。1980年，赛龙舟被列入中国国家体育比赛项目，并每年举行"屈原杯"龙舟赛。1991年6月16日（农历五月初五），在屈原的第二故乡中国湖南岳阳市，举行首届国际龙舟节。在竞渡前，举行了既保存传统仪式又注入新的现代元素的"龙头祭"。"龙头"被抬入屈子祠内，由运动员给龙头"上红"（披红带）后，主祭人宣读祭文，并为龙头"开光"（即点睛）。然后，参加祭龙的全体人员三鞠躬，龙头即被抬去汩罗江，奔向龙舟赛场。此次参加比赛、交易会和联欢活动的多达 60 余万人，可谓盛况空前。尔后，湖南便定期举办国际龙舟节。赛龙舟将盛传于世。

②吃粽子。端午节吃粽子，这是中国人民的又一传统习俗。粽子，又叫"角黍""筒粽"。其由来已久，花样繁多（图7－4）。

图7－4　粽子

据记载，早在春秋时期，用菰叶（茭白叶）包黍米成牛角状，称"角黍"；用竹筒装米密封烤熟，称"筒粽"。东汉末年，以草木灰水浸泡黍米，因水中含碱，用菰叶包黍米成四角形，煮熟，成为广东碱水粽。

晋代，粽子被正式定为端午节食品。这时，包粽子的原料除糯米外，还添加中药益智仁，煮熟的粽子称"益智粽"。时人周处《岳阳风土记》记载："俗以菰叶裹黍米，……煮之，合烂熟，于五月五日至夏至啖之，一名粽，一名黍。"南北朝时期，出现杂粽。米中掺杂禽兽肉、板栗、红枣、赤豆等，品种增多。粽子还用作交往的礼品。

到了唐代，粽子的用米，已"白莹如玉"，其形状出现锥形、菱形。日本文献中就记载有"大唐粽子"。宋朝时，已有"蜜饯粽"，即果品入粽。诗人苏东坡有"时于粽里见杨梅"的诗句。这时还出现用粽子堆成楼台亭阁、木车牛马作的广告，说明宋代吃粽子已很时尚。元、明时期，粽子的包裹料已从菰叶变革为箬叶，后来又出现用芦苇叶包的粽子，附加料已出现豆沙、猪肉、松子仁、枣子、胡桃等等，品种更加丰富多彩。

一直到今天，每年5月初，中国百姓家家都要浸糯米、洗粽叶、包粽子，其花色品种更为繁多。从馅料看，北方多包小枣的北京枣粽；南方则有豆沙、鲜肉、火腿、蛋黄等多种馅料，其中以浙江嘉兴粽子为代表。吃粽子的风俗，千百年来，在中国盛行不衰，而且流传到朝鲜、日本及东南亚诸国。

③戴香囊。端午节小孩戴香囊，传说有避邪驱瘟之意，实际是用于襟头点缀装饰。香囊内有朱砂、雄黄、香药，外包以丝布，清香四溢，再以五色丝线弦扣成索，作各种不同形状，结成一串，形形色色，玲珑可爱。

④悬艾叶菖蒲。民谚说："清明插柳，端午插艾"。在端午节，人们把插艾和菖蒲作为重要内容之一。家家都洒扫庭除，以菖蒲、艾条插于门眉，悬于堂中。并用菖蒲、艾叶、榴花、蒜头、龙船花，制成人形或虎形，称为艾人、艾虎；制成花环、佩饰，美丽芬芳，妇人争相佩戴，用以驱瘴。

艾，又名家艾、艾蒿。它的茎、叶都含有挥发性芳香油。它所产生的奇特芳香，可驱蚊蝇、虫蚁，净化空气。中医学上以艾入药，有理气血、暖子宫、祛寒湿的功能。将艾叶加工成"艾绒"，是灸法治病的重要药材。

菖蒲是多年生水生草本植物，它狭长的叶片也含有挥发性芳香油，是提神通窍、健骨消滞、杀虫灭菌的药物。

可见，古人插艾和菖蒲是有一定防病作用的。端午节也是自古相传的"卫生节"，人们在这一天洒扫庭院，挂艾枝，悬菖蒲，洒雄黄水，饮雄黄酒，激浊除腐，杀菌防病。这些活动也反映了中华民族的优良传统。端午节上山采药，则是我国各个民族共同的习俗。

（5）七夕节：农历七月初七是除夕节。七夕节又称为"乞巧节"，是中国传统节日中最具浪漫色彩的节日。相传，每年农历七月初七的夜晚，是天上"织女"与"牛郎"相会之时。"织女"是一个美丽聪明、心灵手巧的仙女，凡间的妇女便在这一天晚上向她乞求智慧和巧艺，也少不了向她求赐美满姻缘。

七夕节最普遍的习俗，就是妇女们在七月初七的夜晚进行的各种乞巧活动。

乞巧的方式大多是姑娘们穿针引线验巧，做些小物品赛巧，摆上些瓜果乞巧，各个地区乞巧的方式不尽相同，各有趣味（图7-5）。

图7-5　乞巧

在山东济南、惠民、高青等地的乞巧活动很简单，只是陈列瓜果乞巧，如有喜蛛结网于瓜果之上，就意味着乞得巧了。而鄄城、曹县、平原等地吃巧巧饭乞巧的风俗却十分有趣：7个要好的姑娘集粮集菜包饺子，把一枚铜钱、一根针和一个红枣分别包到3个水饺里，乞巧活动以后，她们聚在一起吃水饺，传说吃到钱的有福，吃到针的手巧，吃到枣的早婚。

有些地方乞巧节的活动，带有竞赛的性质，类似古代斗巧的风俗。近代的穿针引线、蒸巧悖悖、烙巧果子、还有些地方有做巧芽汤的习俗，一般在七月初一将谷物浸泡水中发芽，七夕这天，剪芽做汤，该地的儿童特别重视吃巧芽，以及用面塑、剪纸、彩绣等形式做成的装饰品等就是斗巧风俗的演变。而牧童则会在七夕之日采摘野花挂在牛角上，叫作"贺牛生日"（传说七夕是牛的生日）。

诸城、滕县、邹县一带把七夕下的雨叫作"相思雨"或"相思泪"，因为是牛郎织女相会所致。胶东，鲁西南等地传说这天喜鹊极少，都到天上搭鹊桥去了。

在今日浙江各地仍有类似的乞巧习俗。如杭州、宁波、温州等地，在这一天用面粉制各种小型物状，用油煎炸后称"巧果"，晚上在庭院内陈列巧果、莲蓬、白藕、红菱等。女孩对月穿针，以祈求织女能赐以巧技，或者捕蜘蛛一只，放在盒中，第二天开盒如已结网称为得巧。

而在绍兴农村，这一夜会有许多少女一个人偷偷躲在生长得茂盛的南瓜棚下，在夜深人静之时如能听到牛郎织女相会时的悄悄话，这待嫁的少女日后便能得到这千年不渝的爱情。

为了表达人们希望牛郎织女能天天过上美好幸福家庭生活的愿望，在浙江金华一带，七月七日家家都要杀一只鸡，意为这夜牛郎织女相会，若无公鸡报晓，他们便能永远不分开。

在广西壮族自治区西部，传说七月七日晨，仙女要下凡洗澡，喝其澡水可避邪治病延寿。此水名"双七水"，人们在这天鸡鸣时，争先恐后地去河边取水，取回后用新瓮盛起来，待日后使用。

广州的乞巧节独具特色，节日到来之前，姑娘们就预先备好用彩纸、通草、线绳等编制成各种奇巧的小玩艺，还将谷种和绿豆放入小盒里用水浸泡，使之发芽，待芽长到二寸（约6.67cm）多长时，用来拜神，称为"拜仙禾"和"拜神菜"。从初六晚开始至初七晚，一连两晚，姑娘们穿上新衣服，戴上新首饰，一切都安排好后，便焚香点烛，对星空跪拜，称为"迎仙"，自三更至五更，要连拜7次。

拜仙之后，姑娘们手执彩线对着灯影将线穿过针孔，如一口气能穿7枚针孔者叫得巧，被称为巧手，穿不到7个针孔的叫输巧。七夕之后，姑娘们将所制作的小工艺品、玩具互相赠送，以示友情。

在福建，七夕节时要让织女欣赏、品尝瓜果，以求她保佑来年瓜果丰收。供品包括茶、酒、新鲜水果、五子（桂圆、红枣、榛子、花生、瓜子）、鲜花和妇女化妆用的花粉以及一个上香炉。一般是斋戒沐浴后，大家轮流在供桌前焚香祭拜，默祷心愿。女人们不仅乞巧，还有乞子、乞寿、乞美和乞爱情的。而后，大家一边吃水果，饮茶聊天，一边玩乞巧游戏，乞巧游戏有两种：一种是"卜巧"，即用卜具问自己是巧是笨；另一种是赛巧，即谁穿针引线快，谁就得巧，慢的称"输巧"，"输巧"者要将事先准备好的小礼物送给得巧者。

有的地区还组织"七姐会"，各地区的"七姐会"聚集在宗乡会馆摆下各式各样鲜艳的香案，遥祭牛郎织女，"香案"都是纸糊的，案上摆满鲜花、水果、胭脂粉、纸制小型花衣裳、鞋子、日用品和刺绣等，琳琅满目。不同地区的"七姐会"便在香案上下工夫，比高下，看谁的制作精巧。今天，这类活动已为人遗忘，只有极少数的宗乡会馆还在这个节日设香案，拜祭牛郎织女。香案一般在七月初七就备妥，傍晚时分开始向织女乞巧。

七夕乞巧的应节食品，以巧果最为出名。巧果又名"乞巧果子"，款式极多。主要的材料是油、面、糖、蜜。《东京梦华录》中称之为"笑厌儿""果食花样"，图样则有捺香、方胜等。宋朝时，街市上已有七夕巧果出售，巧果的做法是：先将白糖放在锅中熔为糖浆，然后和入面粉、芝麻，拌匀后摊在案上擀薄，晾凉后用刀切为长方块，最后折为梭形巧果胚，入油炸至金黄即成。手巧的女子，还会捏塑出各种与七夕传说有关的花样。

此外，乞巧时用的瓜果也有多种变化：或将瓜果雕成奇花异鸟，或在瓜皮表面浮雕图案；此种瓜果称为"花瓜"。

直到今日，七夕仍是一个富有浪漫色彩的传统节日。但不少习俗活动已弱化或消失，唯有象征忠贞爱情的牛郎织女的传说，一直流传民间。

（6）中秋节：农历八月十五日是我国传统的中秋节，也是我国仅次于春节的第二大传统节日。因为秋季的七、八、九三个月（指农历），八月居中，而八月的三十天中，又是十五居中，所以称之为中秋节。又因此夜浩月当空，民间多于此夜合家团聚，故又称团圆节。

中秋佳节，人们最主要的活动是赏月和吃月饼了。

①赏月。在中秋节，我国自古就有赏月的习俗，《礼记》中就记载有"秋暮夕月"，即祭拜月神。到了周代，每逢中秋夜都要举行迎寒和祭月。设大香案，摆上月饼、西瓜、苹果、李子、葡萄等时令水果，其中月饼和西瓜是绝对不能少的。西瓜还要切成莲花状。

在唐代，中秋赏月、玩月颇为盛行。在宋代，中秋赏月之风更盛，据《东京梦华录》记载："中秋夜，贵家结饰台榭，民间争占酒楼玩月"。每逢这一日，京城的所有店家、酒楼都要重新装饰门面，牌楼上扎绸挂彩，出售新鲜佳果和精制食品，夜市热闹非凡，百姓们多登上楼台，一些富户人家在自己的楼台亭阁上赏月，并摆上食品或安排家宴，家人团圆，共同赏月叙谈。

明清以后，中秋节赏月风俗依旧，许多地方形成了烧斗香、树中秋、点塔灯、放天灯、走月亮、舞火龙等特殊风俗。

②吃月饼。我国城乡群众过中秋都有吃月饼的习俗，俗话中有："八月十五月正圆，中秋月饼香又甜"。月饼最初是用来祭奉月神的祭品，"月饼"一词，最早见于南宋吴自牧的《梦粱录》中，那时，它也只是像菱花饼一样的饼形食品。后来人们逐渐把中秋赏月与品尝月饼结合在一起，寓意家人团圆的象征。

月饼最初是在家庭制作的，清袁枚在《隋园食单》中就记载有月饼的做法。到了近代，有了专门制作月饼的作坊，月饼的制作越来越精细，馅料考究，外形美观，在月饼的外面还印有各种精美的图案，如"嫦娥奔月""银河夜月""三潭印月"等。以月之圆兆人之团圆，以饼之圆兆人之常生，用月饼寄托思念故乡，思念亲人之情，祈盼丰收、幸福，都成为天下人们的心愿；月饼还被用来当做礼品送亲赠友，联络感情。

除了赏月、吃月饼外，一些地方还形成了很多特色的习俗。如安徽的堆宝塔、广州的树中秋、晋江的烧塔仔、苏州石湖看串月、傣族的拜月、苗族的跳月、侗族的偷月亮菜、高山族的托球舞等。

（7）重阳节：农历九月初九是重阳节。《易经》将"九"定为阳数，两九相重，故农历九月初九为"重阳"。重阳时节，秋高气爽，风清月洁，故有登高、赏菊、喝菊花酒、吃重阳糕、插茱萸等习俗。

①登高。在古代，民间在重阳有登高的风俗，故重阳节又叫"登高节"。相传此风俗始于东汉。唐代文人所写的登高诗很多，大多是写重阳节的习俗；杜甫的七律《登高》，就是写重阳登高

的名篇。登高所到之处，没有划一的规定，一般是登高山、登高塔。还有吃"重阳糕"的习俗。

②赏菊并饮菊花酒。重阳节正是一年的金秋时节，菊花盛开，据传赏菊及饮菊花酒，起源于晋朝大诗人陶渊明。陶渊明以隐居出名，以诗出名，以酒出名，也以爱菊出名；后人效之，遂有重阳赏菊之俗。旧时文人士大夫，还将赏菊与宴饮结合，以求和陶渊明更接近。北宋京师开封，重阳赏菊之风盛行，当时的菊花就有很多品种，千姿百态。民间还把农历九月称为"菊月"，在菊花傲霜怒放的重阳节里，观赏菊花成了节日的一项重要内容。清代以后，赏菊之习尤为昌盛，且不限于九月九日，但仍然是重阳节前后最为繁盛。

③吃重阳糕。据史料记载，重阳糕又称花糕、菊糕、五色糕，制无定法，较为随意。九月九日天明时，以片糕搭儿女头额，口中念念有词，祝愿子女百事俱高，乃古人九月作糕的本意。讲究的重阳糕要作成9层，像座宝塔，上面还作成两只小羊，以符合重阳（羊）之义。有的还在重阳糕上插一小红纸旗，并点蜡烛灯。这大概是用"点灯""吃糕"代替"登高"的意思，用小红纸旗代替茱萸。当今的重阳糕，仍无固定品种，各地在重阳节吃的松软糕类都称之为重阳糕。

④插茱萸。重阳节插茱萸的风俗，在唐代就已经很普遍。古人认为在重阳节这一天插茱萸可以避难消灾；或佩戴于臂，或作香袋把茱萸放在里面佩戴，还有插在头上的。大多是妇女、儿童佩戴，有些地方，男子也佩戴。重阳节佩茱萸，在汉代刘歆《西京杂记》中就有记载。除了佩戴茱萸，人们也有头戴菊花的。唐代就已经如此，历代盛行。清代，北京重阳节的习俗是把菊花枝叶贴在门窗上，"解除凶秽，以招吉祥"。这是头上簪菊的变俗。宋代，还有将彩缯剪成茱萸、菊花来相赠佩戴的。

中华人民共和国成立后，重阳节的活动充实了新的内容。

1989 年，我国重阳节定为老人节。每到这一日，各地都要组织老年人登山秋游，开阔视野，交流感情，锻炼身体，培养人们回归自然，热爱祖国大好山河的高尚品德。

2. 传统节日的新内涵

随着社会的不断进步，人们的生活水平有了很大提高，但很多历史悠久的传统却被人慢慢忘记。为了不让这些传统就此消失，如今的节日越来越有内涵，老百姓也越来越多加入到节日中去，节日也加入了更多的时尚元素。每一个传统节日都是一场传统的民俗盛宴。传统节日不但使文明源远流长，而且也赋予了时代一个更加崭新的意义。

在 21 世纪的今天，越来越多的时尚元素融入到传统节日中去，使得传统节日更加多种多样，充满活力。"芒果邻里节""黄丝带邻里节"是近年来衍生出来的新节日，体现了城市的互助互爱；"光饼节"是为了纪念戚继光抗倭的爱国情怀；"放灯节"来源于清明节，寄托了对逝去亲人的哀思；"两马闹元宵"等新元素也加入到了元宵节；"榕树节"唤醒更多人注重环保……这些加入了时尚元素的节日，正在以崭新的姿态呈现在世人面前，吸引着人们的加入。

另外，文明祭扫"清明节"，尊老爱幼"重阳登高节"，农村习俗的"丰收节"等新节日大多来源于对传统节日的新改造。越来越多的传统节日得到了创新，越来越多的文化元素加入到传统节日，从而使得传统节日越来越适应现代的生活。那些因为加入新元素再次被唤醒的民俗资源，在人们与时俱进的改造上，使得人民群众的文明素养得到了提高，建设精神文明有了新亮点。

二、乡土文艺的弘扬与创新

1. 乡村戏曲唱出民间文化

不同区域，具有不同的文化特色。戏曲已逐渐成为农村文化发展的一部分，成为农村精神文化的一项特色活动。各地将戏曲风变为精神文化阵地，创造出乡村特色文化服务新体系，打造特色民间文化。在良好文化环境滋养下，在浓郁的文艺熏陶中，让村民们感受到乡间文化生活的丰富多彩。

【案例】

北小城村：远近闻名的吕剧"专业村"

山东省威海市羊亭镇是著名的吕剧之乡，镇内看吕剧、唱吕剧蔚然成风。作为羊亭传统的戏曲大村，北小城村早在清朝中期就以表演京剧而闻名，新中国成立以来，北小城村逐渐发展吕剧，村内的吕剧表演一直延续，成为传播"四德"精神的文化阵地。

北小城村吕剧团确定了"发展""孝道""和谐"等主题，自编自导自演符合农民"口味"的节目。有一些反映家庭伦理亲情的剧目，如《憨子孝母》《小姑贤》《娶婆婆》《母子泪》《挑女婿》等，更是给村民们留下了深刻的印象。

村里的吕剧团经常组织群众排练丰富多彩的文艺节目，逢年过节或者农闲的时候不仅在自己村里演，还到镇上其他村里演，一年算下来演出场次不少于30场。

不仅如此，吕剧团还经常邀请其他专业或业余剧团来村演出，丰富了农民的文化生活，也有效改变了农民的精神面貌，使村风民风更加淳朴和谐，真正将"送文化"变为"种文化"。

2. 民间舞艺跳动新风采

在推动基层文化繁荣的过程中，各地以繁荣农村舞蹈为着力点，不断强化政策扶持，规范活动普及，拓展展示平台，有力推动了农村舞蹈的健康发展，推进了文化惠民。现如今，民间舞蹈已然成为活跃群众文化生活，提升城市文化内涵的重要力量。同时，民间舞蹈的普及让文化惠民真正落实到细枝末节，把好事办到百姓心坎上。

【案例】

狂放的"节子舞"

古有鱼鳞阵，今有节子舞。走廊东部、祁连山北麓的永昌节子舞，以欢快的节奏、宏大的气势和灵活多样的动作而显名。

节子舞俗称打节子，又名霸王鞭，由4人到几十人表演，节子用近一米的木棍做成，画彩，中缕孔串古铜钱，舞时"嚓嚓"做响，伴随鼓点，亦武亦舞，变幻莫测（图7-6）。

图7-6 节子舞

相传由古时骊靬人"鱼鳞阵"演化而来的节子舞，至今已有两千多年的历史。鱼鳞阵是以盾牌组成严密的攻防阵列，"其相接次形若鱼鳞"。由于古罗马军阵习用此阵以及欧洲节子舞的发达，此间有关人士在讨论那个在东方神秘消失了的古罗马军团是否在此地繁衍的话题时，还希冀从节子舞中寻觅着线索。

如今，河西走廊上朴实的人们，依旧抱着如此的精神状态，建设着广阔而又美丽的家园，用自己的风格与方式幸福地生活着。

三、乡土手工艺的回归

乡土手工艺是人民群众长期生产、生活实践的结晶，是中国农村优秀传统文化资源的重要组成部分，是人类社会珍贵的文化遗产。农村传统手工艺走过了灿烂辉煌的历史，又在工业生产的冲击下一度沉寂，随着休闲农业与乡村旅游的兴起，人们对于田园、自然概念的向往，传统手工艺资源开始得到活化。

手工艺人利用不同材质的原料创造出丰富多彩、巧夺天工的各类手工艺品。我国乡土手工艺形式多种多样，技术令人叹为观止。如剪纸、刺绣、柳编、千层底布鞋等。

1. 剪纸

剪纸是我国历史悠久的一种民间手工艺术，它反映了我国古老的历史文化，是我国最具特色的手工艺术代表之一。中国剪纸是一种用剪刀或刻刀在纸上剪刻花纹，用于装点生活或配合其他民俗活动的民间艺术（图7-7）。

我国地域辽阔，人口众多，各地区各民族的社会历史、自然条件、地理环境、风俗时尚、生活习惯、审美观念各不相同，从而造成了各地民间剪纸的内容题材和风格特征各不相同。河北丰宁、蔚县以染色窗最为著名，连刻带染，色调艳丽，极具光影效果。广东佛山以衬色窗花最为著名，用金箔纸或银箔纸剪刻出主体纹样，背面衬以各色彩纸，这种做法叫作"铜衬料"。而纸塑窗花以陕西渭南地区最具代表性。地处西北高原的延安地区，剪纸是农民文化生活的一种主要方式，其风格单纯、明快，透着朴素的美。真切生动地反映了农民的趣味、感情和对美好生活的向

图7-7 山村新貌剪纸

往。山东滨州的妇女用剪刀剪出自己心中的"画"。在河北、山西北部和内蒙古自治区东南部流传着一种以阴刻为主的点彩剪纸，风格别致，装饰性极强，占有较高的艺术地位。江浙一带服饰剪纸中的各种花样，在农村十分常见，作品精细秀丽，洒脱自然，渗透出质朴、纯真、简洁、直率之美，有较强的装饰性和节奏感。无论是婚嫁、庆寿、逢年过节都是农家妇女不可缺少的必备之物。

2. 刺绣

刺绣古代称为针绣，是用绣针引彩线，将设计的花纹在纺织品上刺绣运针，以绣迹构成花纹图案的一种工艺。古代称"黹""针黹"（图7-8）。因刺绣多为妇女所作，故属于"女红"的一个重要部分。刺绣是中国古老的手工技艺之一，中国的手工刺绣工艺，已经有 2 000 多年历史了。据《尚书》载，远在 4 000 多年前的章服制度，就规定"衣画而裳绣"。至周代，有"绣缋共职"的记载。湖北和湖南出土的战国、两汉的绣品，水平都很高。唐宋刺绣施针匀细，设色丰富，盛行用刺绣作书画，饰件等。明清时封建王朝的宫廷绣工规模很大，民间刺绣也得到进一步发展，先后产了苏绣、粤绣、陇绣、湘绣、蜀绣，号称"五大名绣"。此外，还有顾绣、京绣、瓯绣、鲁绣、闽绣、汴绣、汉绣、麻绣和苗绣等，都各具风格，沿传迄今，历久不衰。刺绣的针法有：齐针、套针、扎针、长短针、打子针、平金、戳沙等几十种，丰富多彩，各有特色。

图 7 – 8　刺绣

3. 柳编

柳编是中国民间传统手工艺品之一，经过历代艺人的传承发展，凝聚了广大劳动人民的心血和汗水。这种艺术形式的实用价值、审美价值和社会价值均得到人们的普遍认可。在古代人们只是作为普通的日常实用品，直到20世纪后几十年才逐渐兴起，也渐渐地成为中国部分地区出口创汇的项目。全国有三大柳编生产基地，湖北、山东，安徽（另外，河南也盛产柳编）（图7-9）。

图7-9 柳编

柳条柔软易弯、粗细匀称、色泽高雅，通过新颖的设计，可以编织成各种朴实自然、造型美观、轻便耐用的实用工艺品。其产品包括：柳条箱（包）、饭篮、菜篮（圆、椭圆）、笊篱、针线笸箩、炕席、苇箔等。随着产业不断发展，产品不断创新，会有更多的新颖实用美观的柳制品展现在客户的面前。

【案例一】

丝丝柳编情，手艺盼传承

一把锥子，一根根柳条，在一双布满老茧的粗糙双手的精巧编织下，制做出了一件件形态各异的精美柳编制品。2016年10

月 31 日，记者来到山东省即墨市金口镇山阴村探访，近距离感受了柳编的独特魅力。

山阴村曾是远近闻名的"柳编村"

高玉平是金口镇山阴村一个普通的农民，他所在的村子便是在当地非常有名的"柳编村"。据悉，在 20 世纪七八十年代，山阴村大部分村民靠柳编养家糊口，特别是簸箕、升、笸箩等柳编更是名扬方圆十里八乡。10 月 31 日，记者来到高玉平家中探访，只见他家屋里面到处摆放着各种柳编制作的簸箕和升。"这些都是做好的簸箕，准备拿到附近的集市上去卖。"高玉平告诉记者，制作柳编很有讲究，为了保证湿度，他们必须在地窖里制作。随后，高玉平带领记者来到村外一处一米多高的地窖里，只见里面大约有 2 米多高，4 米² 大小，不仅狭小阴暗，而且很是潮湿，两位六七十岁的老人正在里面制作柳编，旁边摆满了一堆堆泡好的柳条，还有一些制作好的柳编成品。

"柳编制作对温度的要求非常高，不能透风，还要潮湿，而地窖的温度和湿度适合，这样就很好地保证了柳条的湿度，否则就会变干变脆容易折断。"高玉平告诉记者，柳编工艺看起来简单，前期准备却很烦琐，泡料、整理、截料、再泡料、加工……就拿泡料来说，首先要泡 3 遍，然后必须过一宿，要不制作的时候柳条心发脆，容易折断。而且季节不同，对柳条的要求也不同。尤其是夏天温度高，泡好的柳条必须当天编好，否则容易长毛变色发黑。"说到编织的工艺，已经编了 30 年柳编的高玉平如数家珍。

常年蹲地窖，落下一身病

"一年除了春节和秋收，每天早晨 4 点就来地窖干活。"高玉平的哥哥高玉滋告诉记者，即使这样忙碌，一年的收入也差不多只有 2 万元。高玉滋给记者算了一笔账，做一个簸箕需要一天的时间，而成本却很高，柳条都是从临沂进货，每斤（0.5 千克）

5.5 元，一个簸箕就需要 3 斤（1.5 千克）多柳条，再加上尼龙绳、簸箕腿、"舌头"等辅料，成本差不多就要 30 元，而簸箕在集市上只能卖 100 块钱左右，这还不算人工费。

"利润很有限，但是常年在地窖里低头干活，腰腿都落下了毛病。"说着高玉滋把双手伸了出来，记者看到这双手非常粗糙，关节已经变形，上面布满了深浅不一的口子。"手指关节劳累受潮也都变形了，每天早晨起床的时候手指头还发麻疼痛。"高玉滋告诉记者。

年轻人不愿干，柳编面临失传

高玉滋说这点苦还不算什么，最让他心痛的是柳编的现状。"30 年前俺们村有 70 多家干柳编的，现在专业也就我和俺兄弟还有侄子 3 个人在干了。"高玉滋表达了自己的担忧，现在社会发展了，生活水平提高了，而用柳编的人却越来越少了。以前麦收都是用簸箕扬麦子皮，现在有了专业收割机，根本就不需要簸箕了。

"以前村里家家户户都会柳编，但是现在的年轻人嫌挣钱少还辛苦，都不愿意干柳编，目前村里只有五六位 60 多岁的老人一直坚持在做。"山阴村党支部书记黄良显告诉记者，柳编是祖辈传下来的老手艺，做出的东西也好看实用，希望它能永久流传下去。

千层底布鞋

千层底布鞋是中国一种古老的手工技艺，于 2008 年成为国家级非物质文化遗产名录之一。千层底布鞋，因鞋底用白布裱成格褙，多层叠起纳制而成，取其形象得名。其面料为礼服呢等上等材料，配以漂白布里制成鞋帮，经绱作成鞋。成品穿着舒适，轻便防滑，冬季保暖，夏季透气吸汗（图 7-10）。

千层底布鞋的做工复杂，工序繁缛，技艺高深，难度大，耗时长，而且工艺要求严格，每双鞋的制作都要经过剪裁底样、填

图7-10　千层底布鞋

制千层底、纳底切底边、剪裁鞋梆、绱鞋、楦鞋、子修抹边、检验等近百道工序，制作一双鞋往往要花上四五天的工夫。手工纳底要求每平方寸纳81针以上，一双鞋至少2 100多针，并且麻绳粗、针眼细，加工时得用手勒得紧，针码还得分布均匀。手工缝绱鞋时，则要求必须紧绷楦型，平整服贴。绱鞋的针码更得间距齐整，鞋帮与鞋底的结合要严合饱满。千层底布鞋鞋底的制作需要多道工序。每道工序都有明确严格、一丝不苟的要求。

多年前的一首春晚老歌《中国娃》中唱道："最爱穿的鞋是妈妈纳的千层底呀，站得稳哪走得正，踏踏实实闯天下。"如今，在眼花缭乱的鞋市上，想找一双"千层底"手工布鞋，很不容易。

【案例二】

<h2 style="text-align:center">"温情牌"手工艺奢侈品</h2>

在21世纪的今天，怀旧成了一个关键词，"返璞归真"成了

人们追赶的一种潮流。伴随着这股潮流，布鞋也重出江湖。在我们生活的城市中，各种布鞋店并不少，不过市面上出售的这些布鞋，鞋面是布的，底子却不是一针一线纳出的千层底。严格意义上说，这些鞋并不是名副其实的布鞋，它们只是机器流水线生产出的产品而已。

真正的千层底布鞋虽然不及国际奢侈品牌手工箱包的名声在外，但是它的纯手工制作过程，流淌着乡村的韵味，温暖在心头。

"千层底"布鞋制作过程大揭底

2016 年是白蒲镇的羌树平做布鞋的第 31 个年头，白蒲镇上从出生五六个月的婴儿到耄耋老人，不少是羌师傅的顾客。在不足 10 平方米的小工作室里，她一待就是一天。小小的工作室里挂满了布鞋，有成品布鞋，但更多的是还没来得及完工的布鞋。屋外的长椅上也摆放着一些已经完工的布鞋。

手工制作的布鞋有着独特的天然优势，吸汗、透气、轻巧，鞋底柔软，穿着合脚，即使奔跑也不会掉鞋，而且晾晒方便。

"棉布填千层，麻线扎千针"说的就是手工布鞋的制作过程。一双大人的布鞋一般要 10 个小时才能做好，而小孩子的布鞋也要花 8 个小时才能完成，因为传统手工布鞋制作过程烦琐、做工复杂、难度大、耗时长，而且工艺要求严格，每双鞋的制作都要经过剪裁底样、填制千层底、纳底切底边、剪裁鞋帮、绱鞋、楦鞋等工序。

其中，制作布鞋的"千层底"是最为重要的环节之一。要纳千层底先要熬浆糊。"制作浆糊也是一门学问。"羌师傅一边说着一边演示了起来，她抄起一勺面粉放在铝制小碗中，加入热水，把面粉打湿，不停地搅拌，直至成糊状，"在制作过程中最难把握好的就是浆糊的黏度。"

浆糊做好，然后再根据剪好的硬纸板模型，将旧的布条剪成一片一片与模型大小一致的鞋底单片，接着涂一层浆糊铺一层裁剪好的布面，然后将鞋底放在通风阴凉处待浆糊晾干。鞋底晾干之后就进行纳鞋底的工序，一边用粗钢针对鞋底进行钻孔，一边用穿好线的针头进行缝制。羌师傅说，纳鞋底需要用很大的力，因为鞋底非常得硬，虽然戴了顶针，手指还是经常受伤。

一双布鞋的温情，一种暖在心头的爱

在不少人的童年记忆中，拿一张满分试卷，换来一双母亲用零头布料给做布鞋的师傅加工的布鞋是最开心的事。

以前的布鞋，深色的鞋面，样式较为单一。现在，对于鞋子，人们有了更多的选择。打开自家的鞋柜：皮鞋、球鞋各种材质的鞋子满满当当。布鞋，不是非穿不可，却有人开始想念起手工布鞋的好了。羌师傅说："做得最多的还是小孩子和老人家的鞋子。"一双费时又费力辛苦制做出的布鞋羌师傅只卖20块，按照日均售出5双，羌师傅赚得很少，就连她现在不足10平方米的小工作室还是向自己的好友借用的。

羌师傅说，虽然做布鞋赚不了多少钱，但是总有人找她加工布鞋，加上自己也舍不得丢下这门手艺，她还在继续坚持着。

对于小孩老人来说，手工布鞋养脚、舒适；而对于成人来说，他们更享受的是穿上布鞋行走时脚踏实地的感觉。羌师傅用针眼般细密的心思加上灵巧勤劳的双手制做出一双双布鞋，布鞋上那密密麻麻的针脚充满了柔情，让我们感受到了岁月静好。

第二节　农业文化：农民生活的重要组成部分

农业文化是指农业生产实践活动所创造出来的与农业有关的物质文化和精神文化的总和。如农业科技、农业思想、农业制度与法令、农事节日习俗以及与农业相关的知识学习等。新型职业农民只有充分了解农业文化的真谛，才能将传统农业文化与现代科技结合，促进生产和生活水平的提高。

一、农耕文化是农业发展的历史支撑

农业文化的发展可分为原始农业文化、传统农业文化和现代农业文化3个阶段。在中国农业文化发展的前两个时期，即原始农业文化和传统农业文化时期，可统称为农耕文化时期。这个时期，他们不仅在发明与革新农具、改革农艺、治水灌溉、桑茶利用等方面积累了丰富的经验，创造了一套独特的精耕细作、用地养地的技术体系，使土地利用率和土地生产率不断提高，而且在与大自然的长期互动中，造就了丰富多彩的民俗风情和民间艺术，孕育了"天人合一"的思想。

1. 精耕细作传统

中国古代农业最显著的特点是建立在小农经济制度之上，以发掘土地增产潜力，提高土地生产率为目的的精耕细作传统。在原始农业向传统农业演进过程中黄河流域逐渐形成了土地连作、多熟种植的精耕细作技术体系。这一体系的核心是通过深耕熟耰、中耕管理、抗旱保墒、施用肥料、种植绿肥等措施，以提高单位面积的农作物产量。隋唐以后，随着南方的开发，曲辕犁的发明，以耕、耙、耖配套的南方水田精耕细作体系逐渐形成并深入发展。

2. 传统农业技术

在长期生产实践中，先民们在不断完善精耕细作技术体系的同时，还发明、创造并运用了许多合理有效的技术，包括作物品种穗选技术、作物虫害生物防治技术、植物嫁接技术、畜禽的杂交利用技术、鱼类分层混养技术等。这些代代相传并不断完善的传统农业技术显现了古代先民们的创造力，也铸成了中华古代农业科学技术成就的灿烂与辉煌。

【案例】

青田稻鱼从共生到多赢

"夫源远者流长，根深者枝茂。"中国是一个农业大国，农耕文化源远流长。历史长河里，先辈们在农耕实践里传承了许多丰富的农耕技术与经验的同时，还使得农耕文化延绵下来，创造出了具有重要价值的农业文化遗产。

在浙江青田，稻鱼共生系统是中国第一个全球重要农业文化遗产。由其衍生出来的特色稻鱼文化也成为了一道靓丽的风景。青田鱼灯已登国家非物质文化遗产保护名录。除此之外，这样一个"不可思议"的共生系统还带动当地生态效益、经济效益和社会效益，实现多赢。

1. 创造技术　诞生文化

青田县地处浙江省东南部山区，山多地少，素有"九山半水半分田"之称，是著名的田鱼之乡。

在这里，稻田养鱼已拥有 1 200 多年的悠久历史。清光绪《青田县志》曾记载："田鱼，有红、黑、驳数色，土人在稻田及圩池中养之。"

当地先民种植水稻的同时还养殖鲤鱼（俗称田鱼），培育了极具地方特色的鱼种"青田田鱼"，其"温善易养，肉嫩味美，鳞软可食"。"青田稻田养鱼是典型的稻鱼共生，以稻养鱼，以鱼促稻，生态互利，稻鱼双丰收。"青田县农作站站长吴敏芳说。

这里创造了稻鱼共生技术。所谓稻鱼共生，简单理解就是在稻田里养殖鱼类，而水稻为鱼类提供小气候、庇荫和有机食物，反过来鱼类则可以为水稻除草、耕田松土、吞食害虫等，鱼、稻、田等形成一个可以自身维持正向循环的生态系统。

中国驻联合国粮农组织代表牛盾介绍，通过"鱼吃昆虫和杂草—鱼粪肥田"生态循环农业生产方式，使系统自身维持正常的循环，保证了农田的生态平衡，增加了系统的生物多样性，解决了病虫害防治的问题。

更重要的是，除了创造出神奇的稻鱼共生技术，还在历史长河中形成了"尝新饭""祭祖祭神""鱼灯舞"等传统且独具特色的稻鱼文化，农业知识和文化底蕴得以绵延赓续。这种"鲜活"的方式具有独特的文化价值和历史意义。

惊叹于青田千年的稻鱼文化，2005年6月，联合国粮农组织把第一块牌子授予了青田，该共生系统被联合国粮农组织列为全球首批重要农业文化遗产，也是中国第一个全球重要农业文化遗产。经过12年保护发展，现在龙现村所处的方山乡和周边的仁庄镇、小舟山乡耕耘着10万亩采用传统方式运作的稻鱼共生系统。

2. 带动农村发展实现多赢

十多年来，青田县坚持保护为先，保护与发展共存的原则，围绕农业增效、农民增收的主线，以"稻鱼共生、鱼米增效"为发展思路，推行稻鱼公共品牌建设，推广稻鱼共生标准化技术，积极实施稻鱼共生特色园项目，促进稻鱼产业与二、三产业融合发展。

古老的稻鱼共生系统走出了一条可持续发展之路。不仅可以改善生态，带来生态效益，使稻田养鱼这一传统生态循环农业模式焕发新的生机，还可以成功转化为生产力，为当地渔民、农民带来显著的经济效益和社会效益。

以当地稻田养鱼大镇仁庄为例，全镇现有稻田养鱼面积6 000亩，年产田鱼600吨、稻谷2 700吨，总产值4 000多万元，农民收入得到明显增长。当地不仅建立了"千斤粮、百斤鱼、万元钱"再生稻鱼共生示范基地，还与浙江大学合作开展稻鱼种质资源、共生机理等方面研究，促进农业遗产传承与创新。

对于金岳品来说，"稻鱼共生系统"意义非凡。他以"合作社＋基地＋农户"模式发展稻田养鱼，带动了周边90多户农户致富，人均年收入达1.5万元。2014年，金岳品被授予"世界模范农民"称号。"未来我想继续做大做强我们'稻鱼共生系统'的品牌，让我们的产品走出中国走向世界。"金岳品如是说。

目前，青田正在积极打造稻鱼共生博物园，努力发展稻鱼共生产业与农业观光，乡村旅游融合。现在，这里不仅已经成为研究农业科学技术的"实验室"，还成为了开展农业生态文化旅游的"圣地"。

过去的十一年里，青田县龙现村的农民伍丽贞一家发生了翻天覆地的变化。"前几十年我都是种田，从那以后村里来旅游的人多了，所以2006年我就开了一家农家乐，靠着这些年农家乐和田鱼干的收入，我们家在油竹买了一套房子，也在村里盖了一栋五层的房子。"伍丽贞说。

每一年，青田吸引了一批又一批世界各地专家学者来考察学习研究。去年，来村里的游客有10多万人，全村人都在保护"农业文化遗产"中获得了收益。

联合国粮农组织总干事何塞·格拉齐亚诺·达席尔瓦表示，"这个远古的中国农业文明充满了活力，它不仅惠及水稻与养鱼，也为当地农民创造了就业机会，促进了餐饮、旅游等产业的发展。重要农业文化遗产不仅仅为人们提供优良丰富的产品，还有更多的社会功能。"

（来源：《中国科学报》，2016－07－13）

3. 治水文化

中华民族自古以来对水的忧患意识就异常强烈，其黄河上下、大江南北水灾旱灾彼落此起，是世界上自然灾害最深重的民族之一。为此，华夏儿女同大自然进行了数不清的搏斗，兴修了无数各种类型的水利工程，有力地促进了农业生产的发展。一些古老的水利工程至今仍发挥着重要作用。

如由秦国蜀郡太守李冰及其子率众于公元前256年左右修建的都江堰水利工程，是全世界迄今为止，年代最久、唯一留存、以无坝引水为特征的宏大水利工程，也是全国重点文物保护单位，被誉为"世界水利文化的鼻祖"。再如创始于西汉至今仍在我国新疆维吾尔地区使用的坎儿井水利工程。

4. 物候与节气

在漫长的农业生产实践过程中，我国古代先民们在千变万化的自然界中，不断对天地间的变化进行观察、总结，从依据月亮的阴晴圆缺，观测万物的荣枯盛衰到发现地球与太阳的相对运行规律，积累和掌握了大量农事季节与气候变化的规律，最终发明了使用至今的七十二物候和二十四节气，为保证农业生产不误农时发挥了重要作用。

【案例】

二十四节气：激活古老文明的现代价值

尽管早在2006年，二十四节气（图7-11）就成功入选第一批国家级非物质文化遗产名录，但并没有像其他非遗项目那么"火"，在各类非遗活动、传承人的认定等工作中，涉及二十四节气的很少。2016年11月30日，中国申报的"二十四节气"成功被列入联合国教科文组织人类非物质文化遗产代表作名录。这一"中国人通过观察太阳周年运动而形成的时间知识体系及其实践"的入选，不仅使中国的非遗数量继续领先于世界，也在非遗的保护中至少实现了两个方面的突破。

第一个突破是对于传统知识与实践的重视。在此之前，全球共有90个项目列入非遗代表作名录和急需保护名录，其中中国

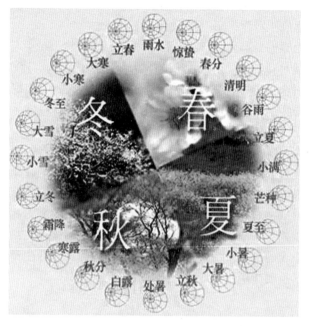

图 7 - 11　二十四节气

有 38 个;我国也自 2006 年以来公布了 1300 多个国家级非遗项目。这些项目大多分布于民间文学、传统音乐、传统舞蹈、传统戏剧、曲艺、传统体育、传统美术、传统技艺、传统医药及民俗等方面,相比之下,作为传统知识与实践类的可谓凤毛麟角。

第二个突破是对于传统农业文化的重视。尽管中国此前也有诸如蚕桑丝织技术、南京云锦、黎族传统纺染织绣技艺、侗族大歌、朝鲜族农乐舞等与农业生产密切相关的项目入选,但其重点依然在加工技艺与艺术表现层面,无法真正表达农耕文化作为中国优秀传统文化重要组成部分的内涵价值。

二十四节气为古老中国人解决温饱、发展生产,为中华民族繁衍生息、兴旺发达做出了不可替代的贡献,其历史与文化价值毋庸置疑。不仅如此，它还具有突出的现实意义，主要表现在以下几个方面：一是二十四节气所体现的中国人民尊重自然、崇尚人与自然和谐的生态文明观，对于当今生态文明建设、可持续发展具有重要意义；二是二十四节气所反映的农业生产节律性变化规律，对于农业的可持续发展具有重要意义；三是二十四节气所代表的中国传统节气文化家喻户晓，对于进一步提升中华民族的认同感与凝聚力具有重要意义；四是二十四节气的申遗成功有助于提升国人的文化自觉与文化自信，对于中华优秀文化走向世界具有重要意义。

二十四节气不仅是一种传统文化，更是一种可持续发展的知识体系，是一种中华民族传承至今的生态文明观。因此，二十四节气的成功申遗只是其保护的阶段性成果，它的保护、传承、利用与弘扬应是全体中国人长期、艰巨、共同的任务。在保护与传承中，应当注意这样几个方面。

一是二十四节气是中国人民的集体创造，不同于以往的一些项目，可能很难确定具体的"传承人"。因此，需要在就遗产价值发掘与保护传承方面进行新的探索，应当通过区域性的"传承群体"进行保护。只有让二十四节气走进课堂、走入民间，才能够真正传承这一优秀民族文化遗产。

二是二十四节气发端于对自然节律的认识和农业生产实践，但由于气候变化等自然条件的影响，自然现象与农业生产方式已经发生了明显的变化。在传承与利用时，需要将重点放在内涵价值上，而不是表面形式上。只有深入认识二十四节气与中国人生产、生活的密切关系，才能发挥其对于可持续农业与农村发展更为深远的指导意义。

三是二十四节气内涵丰富，已融入中国人的日常生活中。通过对二十四节气与健康养生的关系、二十四节气对物候研究的意义、二十四节气相关民俗节庆活动等的发掘，丰富这一遗产的传承方式，引导中国人在生活中进行保护和传承。

四是二十四节气的传承利用的重点现已有所转移，难以直接指导农业生产。它的活态保护或者生产性保护，也难以像其他非物质文化遗产项目一样依靠传承人进行。然而，蕴含在二十四节气中的因时制宜、取物顺时的生态思想，至今仍指导农业实践活动。因此，应当结合文化景观保护、农业文化遗产保护和可持续农业发展，实现二十四节气的活态传承与可持续利用。

5. 农业生态

古代先民在长期的农业生产实践中认识到，人和自然不是对抗关系，而是和谐共生关系，生物之间也具有共生关系。根据这一思想，先民们从自发到自觉逐渐创造了农田立体间套、稻鱼共生、水域立体养殖、植物病虫害生物防治等农业生产模式，充分有效地利用环境资源来实现农业的循环发展。这一生态理念的建立和发展，为中华农业能够实现几千年的持续发展发挥了重要作用，具有重要的历史意义和现代价值。

6. 农产品加工

中国的古代先民不仅创造积累了农业生产技术，还发明了多种农产品加工技术，使得米粉、食油、食糖、豆腐等几千年前便成为中国人必食品或餐桌上的美味佳肴。随着社会经济的发展，农产品加工工具和工艺不断进步，各种农产品加工品丰富多彩，成为中华饮食文化发展的基石。

7. 茶文化

我国是茶树的原产地，是世界上饮茶、种茶和制茶最早的国家，相传炎帝神农最早发现了野生茶叶的可用性。数千年来，我国不但为人类发现和提供了具有保健功能的茶饮料，创造了几乎全部的古代茶叶加工工艺与科技，也为世界发明了丰富多彩的饮茶方式，形成了独特的茶文化现象。目前茶已成为风靡世界的三大饮料之一。

8. 蚕桑文化

中国是世界上最早发明蚕桑业的国家，早在新石器时代中晚期（5000 多年前），我们的祖先就开始在黄河中下游和长江流域种桑、养蚕，进行织丝活动。以后，蚕桑业在世界上独领风骚数千年。汉、唐以后随着蚕桑业的推广，其丝纺丝织技术不断提高，产品更为丰富，成为中西经济文化交流的重要物资。

9. 古代农学思想与农书

中国不但有悠久的农业历史，而且在长期的农耕实践中产生了丰富的农学思想，留下了众多的农学典籍。奠基于春秋战国时期的中国古代农学思想，以整体、辩证、发现为特点，强调天地人之间的和谐，有机地利用自然，成就了中华农业的长盛不衰。而卷帙浩繁、体系完整的历代农书，记载了传统农业技术与农学思想，是中华文化遗产的重要组成部分。

二、以科技创新为主的现代农业文化

现代农业是继原始农业、传统农业之后的一个农业发展新阶段，是应用现代科技，改造传统农业，促进农村生产力发展的过程，也是转变农业增长方式，促进农业又好又快的发展过程。

随着科学和生产力的发展，农业生产方式在不断进步，嫁接、扦插、克隆、转基因、组织培养、杂交育种等高科技的应用，轮作、套种、间作、地膜覆盖种植、大棚栽种（图 7 – 12）、无土栽培、立体种植、反季节种植、工厂化养殖等新的种、养方式的应用，使得现代农业文化呈现五彩斑斓的景象。由此产生的各种各样的农产品，如各种粮食作物、经济作物、瓜果蔬菜、花草树木以及各种禽畜鱼类等。

农业科技是确保国家粮食安全的基础支撑，是突破资源环境约束的必然选择，是加快现代农业建设的决定力量，具有显著的公共性、基础性、社会性。必须紧紧抓住世界科技革命方兴未艾

图 7 - 12　大棚栽种

的历史机遇，坚持科教兴农战略，把农业科技摆上更加突出的位置，下决心突破体制机制障碍，大幅度增加农业科技投入，推动农业科技跨越发展，为农业增产、农民增收、农村繁荣注入强劲动力。只有依靠科技进步，通过农业科技的突破性成果和新技术的有效推广应用才能实现中国农业的持续发展，最终早日实现中国农业和农村现代化。

【案例】

高科技孵化"高颜值"农业

初冬时节，田野已是一片凋零。但走进仰天岗东麓的新余现代农业科技园，却依然是一番生机勃勃的景象：气雾栽培蔬菜工厂里（图 7 - 13），生菜、大蒜、辣椒、水果黄瓜等十几种蔬菜瓜果在培养床上组成一座座"空中花园"，枝繁叶茂、硕果累累；萌叶之家多肉植物园内（图7-14），一排排精心组合的多肉植物在展架上萌态毕现，让人流连忘返；摩尔庄园立体化栽培的草莓大棚里（图7-15），无土栽培、不打农药的草莓已经悄然羞红了脸，等待人们前来一饱口福……

图7-13　蔬菜工厂

图7-14　多肉植物园

这幅"高颜值"的现代农业生产场景背后，其实有着强大

图 7 - 15　摩尔庄园立体化栽培的草莓大棚

的科技服务、政策资金支持做后盾。作为农业版创新创业孵化基地，新余现代农业科技园通过为农业"创客"提供全方位创业服务，孵化出一批有前瞻性、有引领性、有效益的农业项目，并成功入选国家科技部第一批"星创天地"基地，将获得科技部资金、政策扶持和后续的专家团队支撑，产业转型迈出坚实步伐。

1. 用手机 App 进行管理的蔬菜工厂

实际停喷时间 3 分钟、环境湿度 50.9%、环境温度 21.9℃……，农业"创客"赵志东正通过手机 App 查看自家蔬菜工厂的监控数据，在这座占地 2 000 米² 的气雾栽培蔬菜大棚里，通过自动化控制系统、管道喷雾系统和营养供应系统的通力合作，即使半个月不到棚里来进行人工操作，蔬菜的长势和品质也完全不会受到影响。

不仅管理"高大上"，这座蔬菜工厂的耕作模式更是让人大开眼界：和传统的蔬菜种植不同，气雾栽培不需要土壤，而是通过海绵把植物固定在栽培床上，根系悬空生长，利用喷雾装置将营养液雾化后直接喷射到植物根系，为其生长提供所需的养分和水分。这样种植出来的蔬菜没有病虫害，不用打化肥农药，可以达到有机蔬菜的品质。产量更是普通大棚的 7～8 倍，高度自动化程度节约了大量的人力成本，经济效益十分可观。最难能可贵的是，这套气雾栽培系统是通过引进、吸收、消化、再创新后形成的本土研发技术，实现了成本降低和效率改进，目前已成功申请了基质、气雾复合式栽培两项专利，还有一项种植专利正在申请中。

"没有现代农业科技园这个农业创客'孵化器'，我们的蔬菜工厂不会发展得这么快。"赵志东说，"在为期 1 年的科研攻关阶段，科技园提供了设施齐全的实验室供我们无偿使用，请来专家提供全方位的技术指导，还通过'赣鄱英才 555 工程'子课题的实施帮我们申请到 10 万元科技创新启动资金，解决了创业初期急缺的大棚、材料、工人工资等费用。目前试种的十几种蔬菜长势都很好，预计明年就能实现包括蔬菜销售、农业观光、技术输出在内的多点开花式盈利。"

2. "互联网＋多肉"成就 90 后小伙创业梦

90 后小伙朱良浩原本是一名多肉植物爱好者，在种植了 3 年多肉植物后，今年 4 月，他和小伙伴刘晨合伙在新余现代农业科技园承包了 7 亩土地，创办了包括 400 米² 展示棚和 8 个种植棚的"萌叶之家多肉植物园"。短短 5 个月后，植物园就已经实现盈利，不仅在网络上打开了销路，还成了新余市区许多花店的多肉植物供货商，一些多肉植物爱好者也纷纷慕名前来参观、购买他们培育的珍稀品种。

"以前都是凭着经验在种多肉，进驻现代农业科技园以后，省级科技特派团的专家经常过来指导，教我们如何控制大棚内的温度、湿度，如何配土，多肉的成活率和品质都有很大提升。"朱良浩告诉记者，"和玫瑰、百合等常见不同，多肉植物的物流配送更容易，便于网购网销。而且我们还建立了多肉爱好者微信群，为顾客提供管护知识、售后服务等量身定做的个性化服务。从目前的市场反响来看，这种'规模化种植＋个性化服务'的路子是走对了。"

其实，科技指导只是新余现代农业科技园提供的诸多创业服务中最直观的一项。记者了解到，新余市现代农业科技园从2008年5月启动建设，目前已建成核心区7 300亩，总投资12.2亿元，路、水、电、讯等基础设施建设已实现"四通一平"。科研方面，先后与中国农业大学、中国科学院植物研究所、金华国家农业科技园等10所科研院校签订了技术合作协议，现有省级科技特派团2个、专家17人，并投资80多万元建成150 米^{2}的标准实验室和240 米^{2}的组培车间，帮助企业进行孵化与转化。

3. 文化创意助推休闲农业进入3.0时代

如果说以前的"下乡走亲戚"是休闲农业的1.0版本，"农家乐"是休闲农业的2.0版本，那么新余现代农业科技园引进的创意农业项目就是休闲农业的3.0版本：除上文提到的气雾栽培、多肉植物外，像鲜花一样种在盆子里、既能观赏又能吃的盆栽蔬菜，不打农药、不施化肥的立体种植草莓，以及正在建设的植物迷宫、QQ农场、稻鱼共生基地……创意的嵌入不仅提高了农业休闲旅游的文化附加值，还培育出蔬艺无土栽培蔬菜、摩尔庄园等一批创意休闲农业品牌，使之成为乡村游新热点。

新余现代农业科技园管委会副主任林爱红告诉记者，创新创业是实现产业转型升级和科技创新水平提升的重要抓手，为此，园区以打造农业版双创基地为目标，始终坚持"高新农业企业孵化基地、三新农业试验示范基地、市民观光休闲农业文化主题公园"三大定位，大力发展花卉苗木、特色果业、蔬菜培育、农产品深加工、休闲旅游五大主导产业，目前已形成了新余蜜橘、葡萄、石榴、脐橙、火龙果等特色果业，盆栽蔬菜、气雾栽培蔬菜、食用菌工厂化生产等特色蔬菜培育，葡萄酒、茶油等深加工农产品，都市休闲观光、农业科普教育等休闲农业产业，在实现农业"颜值"提升的同时，助推传统农业转型升级！

三、农家书屋架起农业文化的信息桥

农家书屋工程是农村文化惠民的基础工程。农家书屋工程是为解决农民群众"买书难、借书难、看书难"的问题，满足农民文化需求，在行政村建立的、农民自己管理的、能提供农民实用的书报刊和音响电子产品阅读视听条件的公益性文化服务设施，是政府统一规划、组织实施的新农村文化建设的一项基础工程。要建立出版物农家书屋更新机制，通过多种渠道、多种方式，争取每年为已建成书屋更新一定数量的出版物，逐步提高农家书屋音像制品和电子出版物配置比例，方便农民群众阅读。

农家书屋是为满足农民文化需要，在行政村建立的、农民自己管理的、能提供农民实用的书报刊和音像电子产品阅读视听条件的公益性文化服务设施。

农家书屋的出版物由政府统一配备，每个书屋图书一般不少于1 500册，品种不少于500种（含必备书目），报刊不少于30种，电子音像制品不少于100种（张），并具备满足出版物陈列、借阅、管理的基本条件。

【案例】

"农家书屋"成为农民身边图书馆

余姚：谢家路村"农家书屋"让农民实现"双丰收"

在"农家书屋"里（图7-16），潘嘉森除收集制作了"植棉文化""梅园文化""围涂文化""长寿文化"等几十本剪贴资料簿外，还成功策划了一次"桃梨会"，请村里的种植能手为

村民传授果树嫁接技术，让村民受益匪浅。

图 7-16　农家书屋

宁海：村村配备"农家书屋"农业技术类书籍最受欢迎

"种地也需要充电，有了农家书屋，我常过来翻翻资料。"跃龙街道白峤村村民叶师傅高兴地说。眼下，正值忙碌的春耕春播之时，各村的农家书屋成了越来越多农民备耕的"充电站"，农业技术类书籍是最受农民欢迎的书籍。

第三节　现代文化：农民生活的新风尚

一、乡村文化基础设施不断完善

随着耕种机械程度的提高，农民群众的业余时间也越来越多，生活条件提高了，劳动环境也改善了，人越来越没事干了，看电视、打扑克、搓麻将仍然是茶余饭后传统的主要文化娱乐方式。为了改变农民传统的文化娱乐现象，丰富现代文化生活，加强农村文化基础设施建设是必不可少的。只有创造好了硬件设施，才能让农民地区获得真正的发展，提高整体的文化水平。

1. 建立各种硬件服务设施

在文化发展中，硬件是必须具备的，包括图书馆、文化宫以及电影院、少年宫、老年活动室等等，让农民们接触到多样化的书籍，获得知识的熏陶，让农民们在书本、杂志中获得精神提升。同时，要保证电影院能够定期进行电影放映，增强农民的艺术感。

2. 建立多种体育设施

"身体是革命的本钱"，除了精神层面外，农民们的身体健康也应被重视。因此，可以建立相关的体育场，购置多种体育器材（图7-17），让村民们可以选择自己喜爱的运动。同时，建立老年活动室，满足各个年龄段的需要，达到全民健身的效果。

图7-17 乡村设置的体育器材

【案例】

文化广场催生乡村健身潮

每到傍晚，严店乡严店社区的文化健身广场上都热闹非凡，广场中央一群妇女在欢快的音乐伴奏下跳着广场舞，旁边的篮球场上几个年轻人在酣畅淋漓地打着篮球，广场角落里老人和小孩在各式各样的健身器材上锻炼着身体。

"自从社区的广场建成以来，每天一早一晚到这里锻炼身体的居民有百来人，大家有说有笑亲密得很，整个社区处处充盈着祥和的气氛。"严店社区书记余善才说。

像严店社区一样，如今严店乡大部分村居都有了供广大村民娱乐休闲的固定文体场所，乡村健身热高潮迭起。

近年来，严店乡在美好乡村建设过程中，把农村健身文化广场建设作为丰富广大群众的业余文化生活、满足群众体育健身需求的有效载体，统筹规划，逐步推进，现在该乡大部分村民都有了和城市人一样的健身环境。目前，严店乡大部分村居的文体广场都普遍建有篮球场、乒乓球场、文化大舞台等基础设施，并对文体广场周边实施了镶边绿化。

在农村文体广场建设中，严店乡坚持节约用地、整合资源原则，积极向上级争取扶持政策，扎实推进农村文体广场建设，为村民们创造了休闲健身的活动场所，推动了村容村貌提质上档。如今，农村文体广场正带动更多严店人融入到健身的大潮中去。

3. 扩大农村广播电视覆盖面

广播电视"村村通"是农村文化惠民的"一号工程"，它的目标是"建立以县为中心、乡镇为依托、服务农户的农村广播电视公共服务覆盖网络"。要按照"巩固成果，扩大范围，提高质量，改善服务"的要求，统筹安排，整合资源，建设好地面数字电视接收设施。

4. 建立全面的农村网络

农村地区存在的很大问题是，总体人员力量比较散乱。虽然农村地区人数众多，却缺乏一种凝聚力。因此，必须建立一个可以覆盖全村的网络，将多种资源进行联合，得到最大化的发展。这就需要在建设网络上进行资金投资，多成立一些村民组织，比如自治组织等，对农村文化进行补助与扶贫。

二、农村文体社团唱响文化生活主旋律

在农村开展多种文体社团已成为丰富农民现代文化生活的重要方式。在农村开展文体社团，既能够让村民们得到娱乐与轻松，又能够让村民们的精神世界得到丰富（图7-18）。

图7-18　演出现场

【案例】

植根在农村土壤上的文化社团

"中国木瓜之乡"长阳土家族自治县榔坪镇一农户家，戏台高搭，鼓乐奏鸣，轻歌曼舞，欢乐的气氛弥漫整条街。

原来是这家主人喜得贵子整满月酒。戏台上的一群人是秭归

县杨林桥镇三台寺村长相思艺术团的农民演员们，他们是应主人家的雇请到场演出助兴的。观众则是前往喝喜酒的亲戚朋友。

以前，在杨林桥镇，当地没有文艺演出队，农村精神文化生活严重匮乏，赌博、搬弄是非之风盛行，农民群众家里办红白事，常常需要从外地雇请演员来助兴。现如今，当地的8个农民文化社团乐翻了天，活跃在农村广阔的文化舞台上，凭借其雅俗共赏的歌舞、小品、相声、三句半等原创节目，受到了农民群众的普遍欢迎，各村赌博、搬弄是非之风也渐消，取而代之的是越来越多的农民群众崇尚文明、投身文艺、抵制庸俗之风的新风尚。

目前，农村在文体社团方面，存在多种缺陷。在农村地区，分为多个层级，而每一个层级又分为多个部门。但是，各个部门的分工含糊不清，部门之间配合较差，导致乡村文化生活单一。另外，乡镇在文化社团方面缺少投资，虽然部分乡镇建有文化娱乐场所，但是由于多种原因，大多数都成为摆设，这极大地影响了村民们的文化生活，因此，要在这方面多下功夫。

1. 鼓励村民积极加入

乡镇政府领导要进行大力宣传，加大资金投入，积极鼓励村民们开展文体社团活动，各个村委会以及妇联等，要积极进行配合，按照各自职能，成立文化社团小组，按照地域或者其他形式，让村民们依次成组，积极参与文化社团活动中来。村镇还可以定期举办比赛，如知识文化竞赛、多种体育比赛，设立丰厚的奖品，让村民们积极参与其中，以此消除农活的劳累，放松身心。

2. 高度重视文艺人才

乡镇政府领导要对人才给予高度重视。尤其是文艺人才，对这部分人要多加培养，使其成为可以担起重任的人。很多村民会因为自己的喜好而形成多个社团，比如舞龙队、秧歌队、羽毛球队等等，而这些社团的领导人员就是很有潜力的文艺人才，村干部对此应积极进行发掘。

3. 着重看待大学生村官

在文化素质普遍偏低的农村，大学生作为一个高学历人才，占有明显重要的位置。在国家政策下，每年都有大学生到村里担任村官，这部分村官应被重视起来。因为大学生能够带来先进的思想，为落后的农村带去新鲜的血液。

三、农村文化产业引导生活新潮流

农村文化是取之不尽的文化矿藏，具有极大的发展和拓展空间，农村文化的内容也是非常丰富的。发展农村文化顺应了当前我国大力发展文化产业的历史潮流，要把发展农村的文化产业作为解决农村、农业、农民问题的突破口来展开。只有这样，农村单一的生产模式和产业格局才能够得到改善，农民不仅可以种田，还可以利用当地资源发展旅游业以及民间工艺手工业，甚至还可以发展农村民俗的表演等第三产业。在这种举措的作用下，农村的生产结构能够在一定程度上得到突破，农民的文化生活也更加丰富多彩。在发展农村文化产业的同时，我们需要注意几个问题。

1. 优先发展优良的文化

农村文化丰富多彩，但并不是所有的文化都是精华，其中必定有糟粕，所以在发展农村文化产业的时候，我们要挑选那些符合历史发展潮流的，能够促进社会和谐的传统文化，对于那些落后的文化，能改造的就尽量改造，无法改造的就只能剔除。当然，在这之前，就需要政府人员对文化进行梳理，由优到劣，逐层向下，优先发展优良的文化，对于有发展前景的文化要有眼光和远见，不能急功近利，可以慢慢推动这类文化的长期发展。

2. 要有区别发展的意识

中国地域宽广，南北东西跨度大，各地的民风民俗也就有所差别，对待不同的农村文化，要有区别发展的意识；对待不同的地区、不同的民族，要有宽容并包的态度，要发展特色文化，而不是统一文化。当然，要想使得农村文化发展较好，必须要有长期的战略眼光和源源不断的创造力，发展农村文化首先要认识到农村文化的美好，还要为农村文化注入新鲜的活力，使其更具有时代精神，不能放任自流，随意发展。

3. 注重对传统文化的继承

如果新时代的农村文化是树上的嫩芽，那传统文化就是树根，是文化能够历久弥新的源泉和精神养料，只有好好地继承和发展传统文化，我们的文化才能与时俱进，才能不被历史湮没。

最后，文化的传播也要被放在文化发展的内容中去，当今社会电子信息技术发展非常迅猛，农村文化想要在我国的文化市场上占有一定的份额，就要积极地走近消费者。而接近消费者的途径也有很多，可以推出文化产品，用产品吸引消费者，让他们想要体会农村的文化生活，还可以将农村的生产、日常生活以及生活习惯等全部连接，提供农村的文化产业化服务，可以运用传统手工技术打造具有当地特色的器具等。

【案例】

发展乡村旅游要根植于地方特色文化

2012 年，梁丽娜被分配至广西壮族自治区玉林市陆川县乌石镇陆河村担任大学生村官。陆河村位于两广交界处，是一个位于山窝里面的偏远落后小山村，也是革命老区。

初到陆河村的梁丽娜肩负重任，决意改变村里的贫穷落后面貌，也瞄准了结合地方特色文化来发展乡村旅游的主路线。"陆河村拥有丰富、独特的地方文化，首先我们是客家人，可以打造客家文化，我们也是革命老区，可以打造红色旅游文化，此外，陆河村还有深厚的祠堂文化、农耕文化。"梁丽娜讲道。

梁丽娜认为，"通过革命老区主打爱国主义教育，通过祠堂文化宣扬国学，通过农务劳作体验农耕文化，这都是打造乡村旅游文化内涵的优秀渠道。"

但在梁丽娜看来，光有文化只是提供了"戏台"，如何进行深度挖掘、包装把"戏"唱好才更为重要。"我们去挖掘文化的历史元素，以及它的整个发展过程，力图讲好文化背后的故事，我觉得这些才更具吸引力，才是游客真正想要深入了解的东西。"梁丽娜表示。

陆河村的多元文化成为了梁丽娜发展乡村旅游的名片和招牌，也为她提供了可资带动村民脱贫致富的舞台。

2012 年后，得益于亲子游的迅速火热，拥有青山绿水优美环境的陆河村逐渐成为众多家庭出外野游露营的首选地。瞅准这个时机，梁丽娜以满足游客消费需求为契机，着重开发了一些体验式旅游产品，迅速赢得市场认可。

"很多家长热衷于带着孩子到乡下体验乡村文化，晚上在村里面扎帐篷露营，孩子们看到萤火虫特别高兴、好奇。"梁丽娜说，孩子的乐趣在于亲近大自然，"我们带着孩子去菜园认识蔬菜、摘菜，然后一起去拾柴火，再教他们亲自动手洗菜、煮饭，带他们真正体验农家劳作的快乐。此外，我们还会组织开展一些小动物比赛，为孩子提供亲近小动物的机会。"

"我觉得乡村旅游是与文化、知识、体验等结合在一起的，只有根植于文化，村庄才会变得有活力，有吸引力，这才是最关键的。"梁丽娜讲道。

参考文献

［1］ 沈建国，杨东平．新型职业农民［M］．北京：金盾出版社，2016．

［2］ 马书烈，廖德平．新型农业经营主体素质提升读本［M］．北京：中国农业科学技术出版社，2015．

［3］ 朱启臻．农民素养与现代生活［M］．北京：中国农业出版社，2016．

［4］ 于慎兴，李应虎．新型职业农民素质教育与礼仪［M］．北京：中国农业科学技术出版社，2015．

［5］ 郭仲儒．做一个幸福的新型职业农民［M］．北京：中国大地出版社，2015．